壽山石珍品集

郭功森題

郭功森——序

福建壽山石雕以其悠久的歷史和獨特的藝術風格而馳名中外。

遠在一千五百年前的南北朝，我們的祖先就能用鈎戟利劍似的簡樸流利線條，在壽山石上刻劃殉葬雕刻品，這就為壽山石奠定了基礎。

經過歷代藝人的相傳和各自發揮，壽山石雕有了長足的發展。它已由簡煉的技法發展成為精細的薄意、浮雕、高浮雕、鏤空雕、透花雕和圓雕。雕刻的題材也逐漸擴大。由殉葬品、佛教用品、印章鈕頭發展到各種人物、山水、鳥獸、花卉、瓜果、器皿等。

利用石料的天然色澤，雕刻出造型和色澤相適應的作品，是壽山石雕的主要藝術特色。壽山石雕以其精湛的技術，已成為國內外鑒賞家、收藏家贊賞的八閩瑰寶。

但願藝林雕手能有廣收博取、包容並蓄的氣度，以民間藝術逐步轉移至更廣闊、更深邃的領域，既繼承民間藝術的風韻，又注重現代藝術的高妙境界，使壽山石雕藝術異彩紛至。

郭功森 謹誌

一九九三年仲春於福州

編著——序

田黄、芙蓉、雞血石三者，素有「印石三寶」雅稱。然而，由於此三寶的顏色變化不大，所以近年來已逐漸被「善伯、荔枝、優質旗降」取代，而稱印石新三寶。

壽山石的色澤變化無窮，本已具備欣賞價值，若再加上藝師的鬼斧神工，其藝術價值何止百倍、千倍。

一九八〇年代以降，一因社會安定，二因經濟繁榮，國民所得大幅提高，物質生活水準一日千里，可是，相對的國人所承受的精神緊張壓力，也同樣是與日俱增。為尋求舒解精神壓力、提高生活品質，國人開始重視各項藝術珍品的玩賞與收藏。

壽山石雕刻藝品，自古即是我國重要的傳統藝術品，故自然成為玩賞收藏家爭相搶購、把玩的主要目標之一。倘若能在家中書房、客廳或辦公室，陳列精美的壽山石雕刻作品，或平日自我把玩觀賞，或時而邀約三五好友，邊品茶邊論石、賞石，非但可舒解緊張的生活壓力，同時還可充實精神生活，美化空間環境。

本書主要內容，除了告訴讀者認識壽山石的特色外，亦教導愛石家如何辨石、養石與賞石，敍述簡明易懂、圖片精美，是一本不可多得的藝術品好書。

在本書出版前夕，筆者誠摯感謝楊世清、陳永清、劉世華、郭建和、邱秀芍、李玉順……等十餘位壽山石鑒賞、收藏名家，不吝提供心愛珍品供拍照。同時也要感謝大陸福州工藝美術大師郭功森先生，特為本書題書名、撰序。最後，筆者由衷祈盼本書的出版，能帶動國內玩賞壽山石的風氣，使這項傳統藝術品，早日發揚光大，傳遍海內外。

張豐榮　謹誌　一九九三年四月於台北

壽山石珍品集 目錄

參考資料

八閩瑰寶 陳維棋主編
壽山石珍品選 新加坡藝術公司出版
壽山石圖鑑 陳石編著
壽山石選 友生昌毛筆專家出版
壽山石印天下 漢藝色研出版
方宗珪壽山石問答 八龍書屋出版

編輯顧問　洪天銘

洪天銘，1946年出生，早年在福州工藝美術研究所跟隨著名工藝美術大師郭功森研習壽山石雕技法。善青銅器博古圖案、尤工古魯印鈕，刀法秀凌渾樸。作品曾參加國內外展覽。且長期協助中國工藝美術大師郭功森積累、研究、總結壽山石雕刀法技法及創作經驗。

認識壽山石

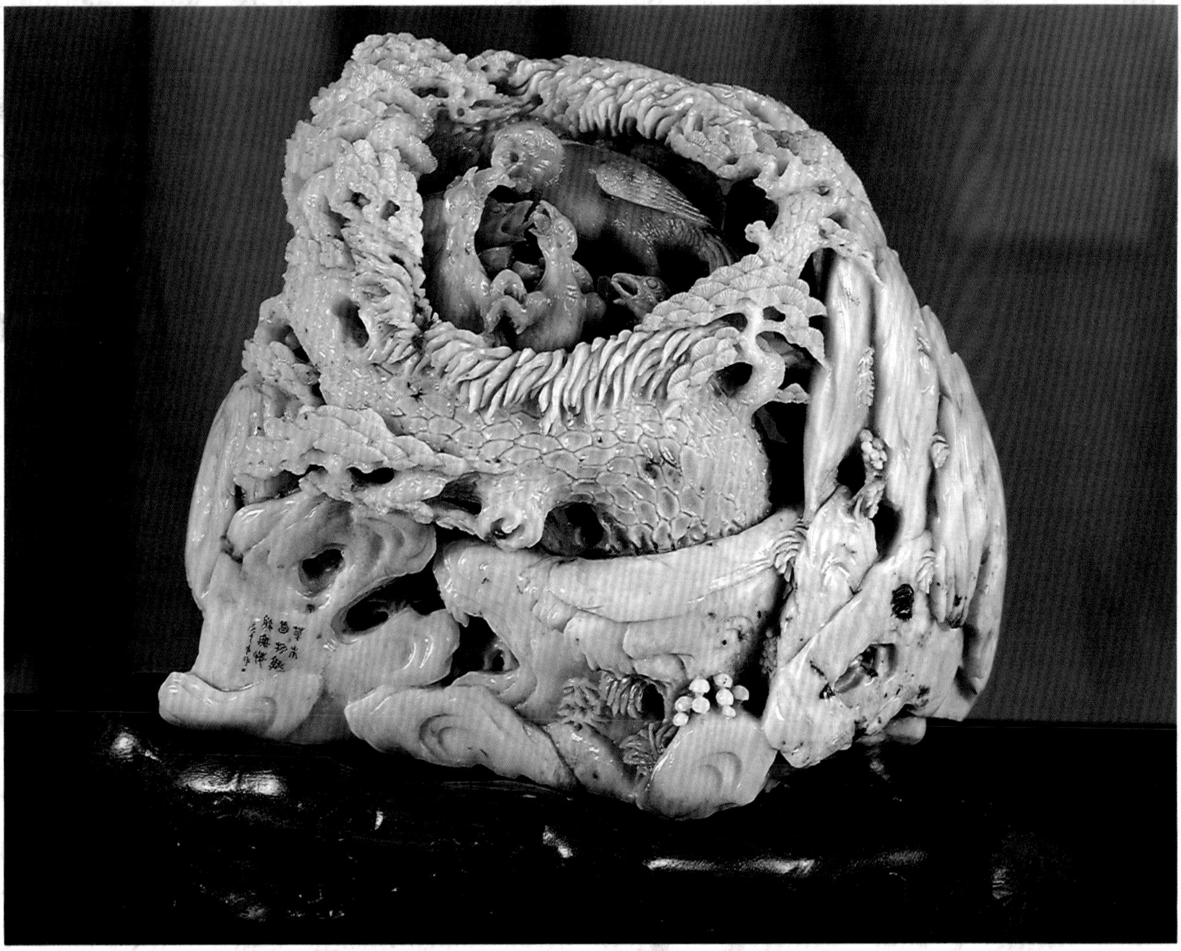

壽山石的神話

相傳在遙遠的古代，女媧煉五彩石補天之後，佩帶用剩的五彩靈石，前往各地山川遊歷。

某日，來到一處風景秀麗的山間，一時興起翩翩起舞。傾刻間，女媧身上佩帶的五彩石有的落入田間，變成澄黃的「田黃石」；有的落入山間，山上頑石頓時光芒四射；有的彩石則落入溪澗，成為晶瑩剔透的「凍石」。

盡情舞罷之後，女媧依依不捨向當地百姓告別，臨走之前，並祝福當地百姓像高山一般長壽。自此以後，人們就將此地命名為「壽山」，並把那座巍峨山峰取名「高山」；女媧休憩過的石床就稱為「坑頭」，藉以紀念女媧娘娘的造訪。

這個孕育五彩斑斕壽山石的「壽山鄉」，就位在福建省福州市北郊，距離福州約26公里。

另一則有關壽山石的傳說，則是在遠古時代，黃帝在壽山設一座由白玉、黃金砌成的美麗行宮，並命令一對鳳凰神鳥看守。

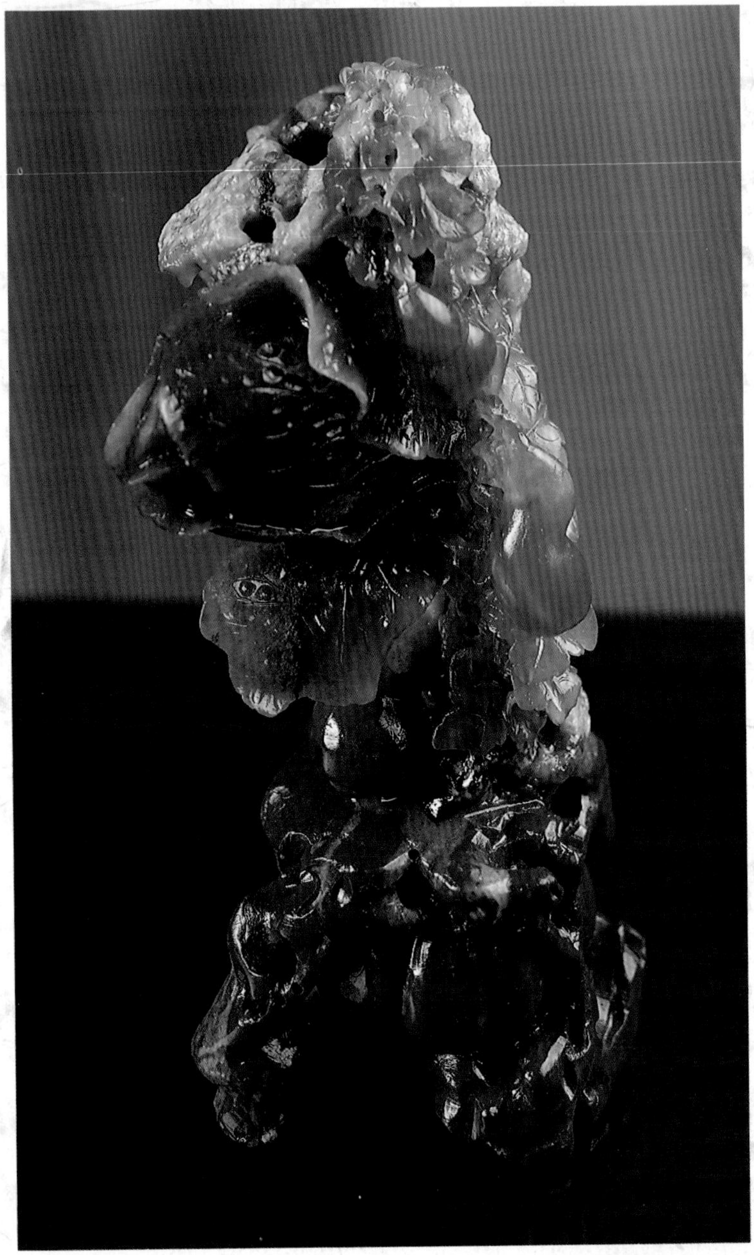

↓壽山鄉的今貌。

鳳凰神鳥與壽山先民的感情融洽，神鳥為感謝壽山先民的知遇之恩，乃在田裏留下沾有靈氣的卵蛋作為禮物，後來，這具有靈氣的卵蛋從而變成田黃石。

壽山石雕的歷史

從福州市幾處南朝墓葬出土文物發現到的壽山石雕來看，壽山石雕應該已有一千四百多年的歷史。不過，有關壽山石的文字記載，最早始見於南宋梁克家所著的「三山誌」，以及當時的知名文人黃幹的七言絕句「壽山」。尤其自宋代以降，歷代文人墨客就留下不少稱頌壽山石的佳作。所以，若以有文字記載的歷史而言，壽山石至少也有一千多年的歷史。

明清以後，壽山石更成為文人士紳收藏、玩賞或親自刻印的藝術品；甚至更出現許多吟頌壽山石之美的詩詞或遊記。此種風潮更是直接助長了壽山石雕的發展。

最早的壽山石雕只限於印章或刻在硯台上做為裝飾用的花蟲鳥獸。後來隨著雕刻技法的精進，逐漸發展為高浮雕、鏤空雕、透花雕、圓雕等更精緻生動的雕法。尤其在最近三、四十年，中國大陸的工藝美術界，曾針對技藝超群的壽山石雕匠師，授予「工藝美術大師」、「專家」等稱

↑壽山石雕是福州傳統工藝。

↓正為本書寫書名的郭功森大師。隨侍一旁的是收藏、鑒賞家邱秀芍小姐。

號，以稱頌其鬼斧神工般的精湛雕功。

近幾年來，壽山石雕更是台灣、香港、新加坡、日、韓等地的文人雅士爭相收藏的藝術珍品，尤其如田黃等名貴石品或大師名作，更具有保值的價值，所以，難怪有人認為壽山石具有「通貨功能」。

■壽山石的分類與特質

壽山石屬於葉臘石的一種，在寶石學屬於彩石大類、岩石亞類，大約於一億三千萬年前的中生代侏儸紀，壽山附近曾出現嚴重的火山爆發，在當時曾伴隨出現大量的酸性氣、液活動，這種活動使鉀、鈉、鈷等元素沖淋掉，留下比較穩定的鋁、硅等元素，成為「葉臘石」。

壽山石由於色彩斑斕，故自古以來就是人們鍾愛的裝飾品；更因其柔而易攻，後來更成為雕刻美術工藝品的重要材料。如印石舊三寶：田黃、芙蓉、鷄血，前兩者即產自壽山；印石新三寶則為：善伯、荔枝、優質旗降，三者也全部產自壽山。由此可知，壽山石在我國文人雅士的眼中佔有多麼重要的份量。

清康熙四十一年的舉人——黃任，曾在他的詩作中稱頌壽山石之美，如「愛他冰雪聰明極，何止靈犀一點通」；更有前人詩

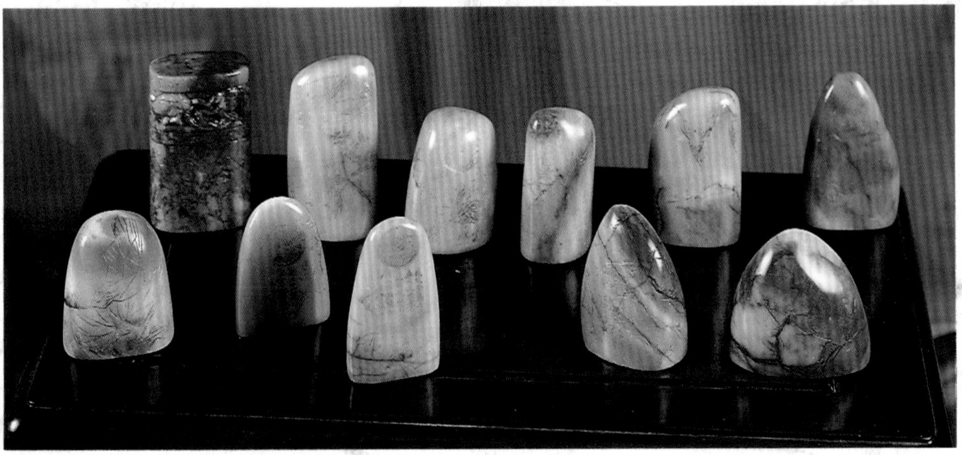

→石面刻有薄意印材。

云：「石不能言，最可人」。在在皆說明壽山石的迷人之處。

壽山石的品種多達一百多種，古代的壽山石收藏家並不以礦洞或產地來命名，而是根據每件收藏品的色澤、紋理變化來定名。例如以紋理變化來命名的有：蝦皮青、桃花水、桃暈、紫白錦等等；以色澤來命名的則有：杏黃、艾葉綠、羊脂、豆青、晶玉、泥玉、磁白……等等。

總之，由宋至明，大抵均採此種方式為壽山石命名。直到清初，收藏者與鑑賞家才開始察覺到不同坑的壽山石，其質地、色澤的差異各不相同，此時才出現「田坑」、「水坑」、「山坑」三大類的區分法。

到了同治年代，逐漸確立以產地坑來定名的分類法。例如：以黃、白、紅、黑四色來區分田坑石；水坑石則依色象分為魚腦凍、水凍等；山坑石則幾乎都以礦洞產地來命名。

價值非凡的田坑石

田坑主要是指埋藏在壽山溪

→田坑所產的田黃價值最高。

旁水田底的零散獨石，清初著名文人毛奇齡首先提出「田坑第一、水坑次之、山坑又次之」的說法。其中又以色黃、質美又通靈的田黃最具價值，甚至有「黃金易得、田黃難求」的說法。

田黃的礦床形成於數百萬年前，隨澗水帶入沿澗的基礎層，再經澗水、溪水不斷浸潤千百年後，終於成為光滑脂潤、肌理溫嫩通靈的田黃。

田黃是壽山石中最珍貴的石種，早在明初即有開採，但是直到明朝末年，聲名漸噪。尤其自清康熙年代起，田黃的身價更日漸高漲，甚至還獲得皇帝的賞識。據說乾隆皇帝非常欣賞田黃，每年祭天時，必在祭案上供奉巨型田黃。

田黃石以石色之不同，又分為黃田、白田、紅田和黑田四種；如果加以細分，又分為黃金黃、橘皮黃、枇杷黃、熟栗黃等各種不同的色澤。其他尚有銀裹金、金裹銀、焓紅等。

儘管田黃又分為不同的種類，但是，能夠兼備所謂「六德」（細、結、潤、膩、溫、凝）的田黃更是罕見的珍品。若要評鑑田黃的好壞，目前仍無儀器可用來鑑別，唯有憑肉眼識別。此時，就必須先對田黃具備基本的認識。

田黃石素有「石帝」、「石中之王」之譽，主要擁有六大特徵，可藉以與其他壽山石區別。

◆外形

田黃呈卵石狀，光滑圓潤無稜角。

◆石質

質地呈微透明或半透明，擁有其他石種所沒有的異樣光澤。

◆石色

田黃雖然又有白、紅、黑三種石色，不過，每一種都擁有黃色的基本色調。

◆有皮

田黃之皮有黃皮、白皮與黑皮。在陽光照射下，都呈半透明的石層。

◆有格

古代地殼變動時，使田黃產生裂紋，土層內的各種礦物質逐漸滲入裂紋中，使田黃產生有顏色的斷層紋路，稱為「格」。又有紅格、黃格、黑格之分。

◆有紋

田黃的紋路分為蘿蔔絲紋、棉絮紋、不規則紋三大類。

總之，以上六項是田黃石的重要特徵，尤其是「皮」與「格」更是辨別田黃的主要依據。因此雕刻田黃時，工匠通常會特意保留格與紋以資鑑定，所以又有「無皮不成田」或「無格不成田」之說。

凝膩晶瑩的水坑石

水坑石並不產在水中，是指由壽山村南邊坑頭占山麓的礦洞，開採出來的凍化結晶體礦石，由於礦洞的洞深如井，洞底又不斷湧出地下水，故稱為「水坑石」。

水坑石的礦體含有豐富地下水，礦石受其浸潤而顯得瑩潤有光澤，所以就有「百年稀珍水坑凍」之譽。凡以「晶」、「凍」命名的，大都產自水坑，例如：桃花凍、瑪瑙凍、水晶凍、環凍、天藍凍等等皆是。

評鑑水坑石的好壞，主要可從色澤與石質著手。由於水坑石以晶瑩富光澤為特色，所以，透明度愈高、光澤愈強、肌理越純潔者，愈屬於上品；尤其是石色柔和、濃淺均勻又不含雜質者，更是水坑石的上上品。

由於水坑石的礦層稀薄，塊度細碎，非常不易開採，所以，一般而言大塊度的水坑石極為罕見。若能同時具備「質地晶瑩純潔、色澤柔和不含雜質、而且塊度又大」，即可視為絕佳的水坑石。

變幻無窮山坑石

山坑石泛指壽山村一帶的礦洞所出產的礦石。不同的脈系與產地所產的山坑石，各具不同的特色，即使出自同一洞，其石質與色澤也變化無窮，所以，幾乎找不到兩塊完全相同的山坑石。

山坑石的品種繁多，一般是以出產地來命名，例如高山石、月尾石、虎崗石、都成（杜陵）坑等等；也有因礦洞不易分辨，而以色澤命名，例如：白都成、黃都成、五彩都成等等。

山坑石的品種多、產量豐，而且色澤斑爛多變化，所以是壽山石雕的主要原料。若要以石質來區分山坑石的等級，則可分為高檔、中檔與低檔三大類。

◎高檔

善伯洞、芙蓉洞、都成坑、月尾洞等皆屬高檔。這些老坑原本已無人問津，最近才又重新開採。

◎中檔

各種高山洞礦石與其他各石種當中，質地純潔的部分，則屬於中檔山坑石。

◎低檔

凡是壽山各脈生產而且符合雕刻工藝品要求的礦石，一律歸屬於低檔山坑石。

另一種分類

「田坑、水坑、山坑」的三坑分類法，是由清朝的毛奇齡所提出的。不過，也有人認為三坑分類有其不完善之處，所以，乃根據壽山石的礦位分布，劃分為「高山」、「旗山」、「月洋山」等三個大系，再將高山系分為田石、水坑石、山坑石三大類。因此，這種分法把壽山石共分為五個部分，不過，一般仍採用三坑分類法居多。

賞石辨石與養石

賞石

田黃、芙蓉、鷄血素有「印石三寶」之稱，其中產自壽山的佔其二。不過，由於此印石三寶的顏色變化不大，所以，近年來已逐漸被「善伯、荔枝、優質旗降」取代，稱為印石新三寶。

壽山石除了可賞其變幻無窮的色澤，若再加上名師鬼斧神工的雕工，更能使壽山石的價值大增。因此，一件優秀的壽山石，應具備三大美的要素：石品美、石質美與工藝美，若能符合這三大要素，就稱得上是一件完美的壽山石。

視覺美與觸感

使用雙眼觀賞壽山石的石質、石色及雕工，是品賞壽山石的基本。此時，壽山石所給予觀賞者的便是所謂的「視覺美」。藉由「視覺美」可使觀賞者對該石

產生喜愛之心。

平常到一些藝廊或展覽會場參觀時，展出的作品大都只適合作為觀賞用。亦即大部分的藝術品，所強調的主要為「視覺美」。正如前一段所言，壽山石如同一般藝術品，也能提供人們「視覺美」。

然而，面對一件質優、膚細、雕工精美的壽山石作品，你我總會不自覺地想撫摸一下。就其它藝術品而言，人手的撫摸，往往會對該作品造成莫大的損傷，故通常藝術作品總是掛在或擺在人手不易觸及的地方。

而壽山石則不然，它不單如前面所述，可提供人們視覺美，還可以讓愛石者在品賞其石質、石色及雕工之餘，隨心所欲加以撫摸。它不但不畏人手的濕潤，

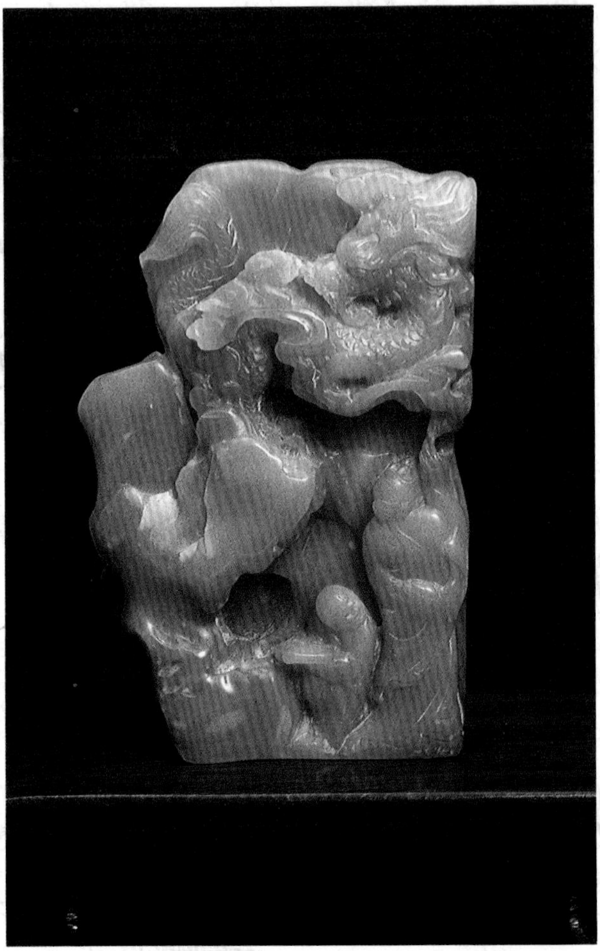

反而可藉經常撫摸益顯光滑柔膩，並予人一種難以言喻的良好手感——「觸感」，進而達到人石交融的美好意境。

壽山石的陳列

前面已概略提過，壽山石雕藝術的起源很早，根據確切歷史資料的證實，此一藝術品，至少在一千五百年前（大約南朝時代），就已被人們廣加利用。

清朝以前，壽山石雕品主要被作為殉葬品用。到了清朝，壽山石雕藝術開始興盛，從此時起，不少名石雕家陸續產生，有人以雕刻觀賞陳列用作品為主，有人則著重在專供收藏家玩賞的印章與小作品上，壽山石真正的玩賞風氣於焉誕生。

清末、民國初年，由於戰亂頻仍，生靈塗炭，民間生活困苦，想填飽肚皮已屬不易，何來閒情逸致玩賞壽山石。及至七〇年代，因社會安定，經濟富裕，人們為提昇生活品質與情趣，舒解精神的緊張，於是對收藏、玩賞藝術品逐漸發生興趣，而壽山石雕藝術品，原本就是我國重要的傳統藝術品，自然成為人們爭相收藏、玩賞的主要對象。

近兩、三年，因收藏古董、藝術品已蔚為風氣，許多愛石者紛至大陸尋購壽山石雕刻品，加上大陸本身及香港大力提倡、展示，並著手推廣，使得我國這項珍貴的文化資產「壽山石雕藝術」的玩賞風氣，正如日中天，擴展至全省各地。

倘若能將壽山石雕刻作品，陳列於家中，時時把玩觀賞，不但可舒解現代人緊張單調的精神壓力，充實家居生活，並可藉之美化家居空間，提昇文化、藝術水準。

然而，究竟要如何陳列、擺飾壽山石；才能達到賞心悅目、美化空間、玩賞自如呢？

一般而言，陳列壽山石，與陳列近年來玩賞風氣方興未艾的

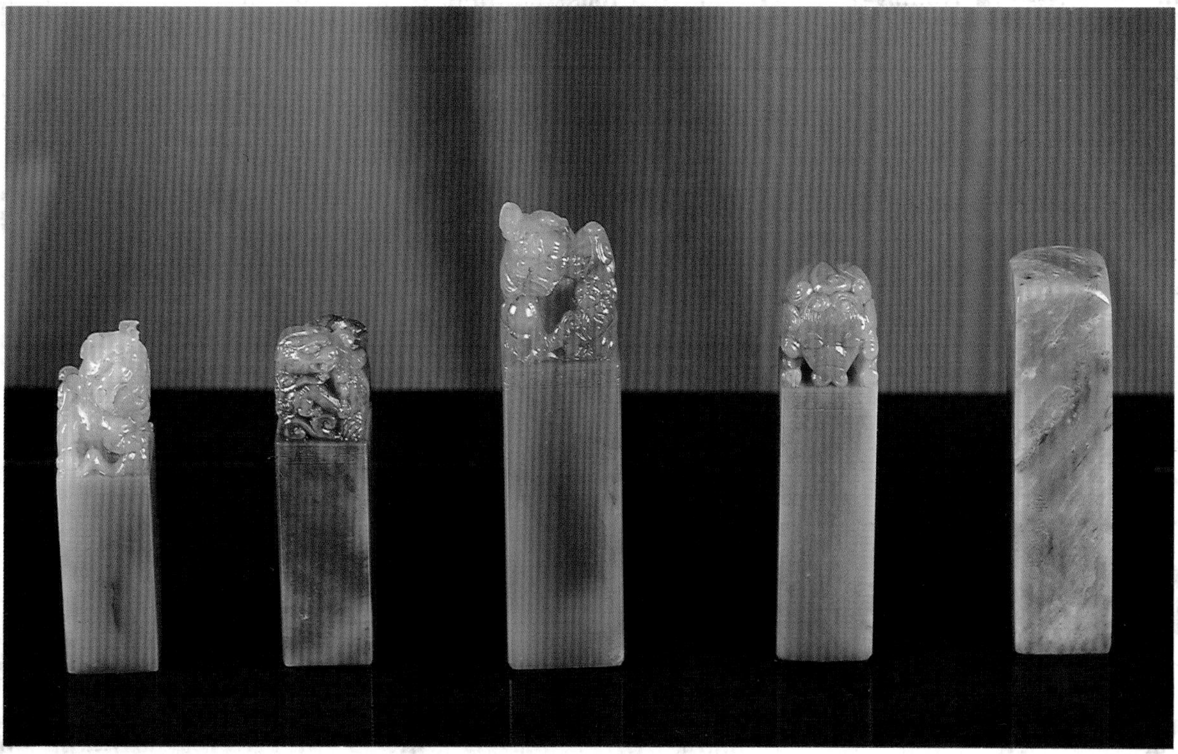

「雅石」大同小異，需依居家空間大小、角色，選擇適當的作品陳列。陳列方式與位置大抵可歸如下：

①客廳

客廳以人物、風景石雕品、印章等為宜。可根據作品件數的多寡，製作玻璃框櫃擺放，或直接墊以台座擺放在茶几上。

②書房

為了提昇書香氣質及促進美感思維，書房宜陳列印章、佛像、風景或古獸類作品。

③餐廳

陳列動物或器物石雕品為佳，如魚、羊、鷄、牛、兔等。

④臥室

床頭櫃上擺放女性或幼童石雕品，頗有圓柔美滿氣氛。

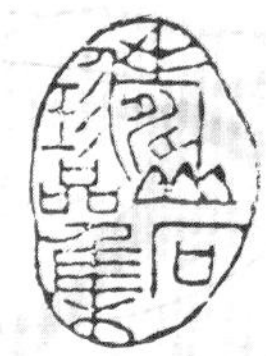

壽山石的辨識

命名方式的演變

誠如前述，壽山石的取名，因朝代、時間的不同而異。在明朝以前，收藏性壽山石是根據作品本身的色澤、紋理等特徵取名，而不分坑別產地。如晶玉、象玉、磁白、艾葉綠、豆青……等，是以色澤取名；玉帶茄花、三合一、桃花水、洗苔水、蔚藍天……等，則是依紋理變化命名。

到了清初，一些收藏評鑑家發現，產自不同礦系的壽山石，其石質固然不同，甚至連出自同一礦系坑洞的壽山石，石質也常有或多或少的差異，於是有人開始以產地命名，而概略分成「田坑」、「水坑」、「山坑」三大類。及至清同治年間，則更進一步將三大類直接以產地礦坑名稱取名，此一命名方式沿用至今。

命名要訣

因壽山石品種繁雜（多達一百餘種），不同礦系出產者，石質固然不同，而連同一礦系出產的壽山石，其石質也常出現明顯的差異，辨識上相當不易。

其實，收藏、玩賞壽山石雕作品，主要目的本在於怡情養性，增加生活情趣。所以，並不一定非對每一石種深入探討分析不可。不過，若對壽山石有興趣，想作深一層認識，以作為日後選購時的依據，倒不妨在每一石種多上下一番功夫。

根據近代多位壽山石雕名家及收藏家們的說法，辨識壽山石的方法很多，而其中最基本且保證管用的辨石法，筆者綜合各家說法後，歸納成中醫辨證四法所稱的「望石、聞石、問石、切石」另加「摸石」共五原則。

㈠望石

中醫看病，必先觀察病人的

外觀特徵。而辨石的首項原則也是「望」。面對一件作品，一邊須先用眼睛仔細端詳一番，從其外形的或圓或方，從其顏色的或紅或黃，從其石膚的或粗糙或光滑，來斷定它是屬於哪一石種。當然，想具備此「一望便知」的眼力，非經過長期磨練不可，唯有日常儘量接觸觀察各石種，久而久之，自然可一眼分辨出各石的特質。

㈡聞石

常接近同好，以石會友，多方探討研究，並用心聆聽前輩石友所說的話，以吸取自己所欠缺的辨石經驗。

㈢問石

大陸的壽山石雕藝人或石農，大抵具備分辨各石種的能力。因此，有機會的話，不妨跑一趟大陸福州，請教當地的石農雕刻家。如果無法前赴大陸，至少也應常接觸本地的玩石先進或壽山石經營者，多方學習、詢問辨石

知識。

㈣切石

中醫學裏，「切」是把脈的意思。而此處的切，指的是用刀子「刻」。壽山石因品種的不同，其軟硬程度不一，刻下來的石屑，有些是呈粉末狀，有些呈細粒狀。同時，刀刻時的聲音，也有所差異。由石屑形狀不同與刀刻聲音的差異，來分辨石種，也不失為辨石的好方法。

㈤摸石

由於壽山石種類中，有許多色澤、外觀均大同小異，光用肉眼辨識極易混淆。其實，許多色澤、外觀雖極近似的壽山石，其石膚的滑潤度、粗或細，結構的密或鬆，大抵可透過手摸的觸感來了解，這種利用手感辨石的方法便是「摸」。

以上所述的辨石五原則，堪稱時下公認辨認壽山石最有效的方法。然而，若想具備辨石五原則的能力，首先必須先對每一種壽山石的石質特性與外觀，有深入的認識方可。

壽山石的保養

壽山石工藝品在高温乾燥下容易發生乾裂現象，因此，適宜陳列在室內供人觀賞。若能擺放在不受日光直射的玻璃櫥櫃中，更能免於沾染灰塵污垢，而且在觀賞上也十分方便。若無適當的擺設場所，亦可放在錦盒中，隨時取出觀賞把玩。

小型的壽山石擺件與印石，平常應經常把玩，使石表沾上一層薄薄的手油，才能使石質逐漸顯出温潤的古意。

常見有些壽山石收藏家一拿起壽山石小擺件或印石，就往臉頰與鼻翼兩側摩擦。這是因為臉上肌膚有油脂分泌，沾在石表上可增加石面的温潤感。平常用手把玩時，則應保持雙手潔淨，以免手上的髒污沾在石表，反而會損及石質。

「三坑分法」將壽山石分為

田坑、水坑與山坑三大類，產地不一，保養方式自然也不相同。以下就詳加介紹。

田坑石的保養

田坑石的性質穩定，並不需要特別的油養，平常只要多把玩，使手油自然的沾在石面，產生一層極薄的油光，即可使原本潔淨凝膩的石質更形光潤。

水坑石的保養

水坑石的石性和田坑石一樣穩定，所以也不太需要油養，油養反而會使原本凝膩瑩澈的水坑石變得黯淡，喪失原有的光潤，因此，平常也只需經常用手把玩即可。

山坑石的保養

山坑石的品種繁多，石色鮮艷多彩，但是質地略鬆，尤其天候乾燥高溫時，容易出現裂紋，石色也變得黯淡，因此必須經常油養，久而久之，石表吸收的油脂會完全滲入石中，使石質更顯得潤膩。

不過，白芙容石雖屬山坑石，卻不宜採取油養，否則會使細膩潔白的白芙蓉石變得灰暗。這是山坑石中的一個例外。

油養的注意事項

進行油養之前，應先用細軟的絨布或軟刷，輕輕清除石雕表面的灰塵，千萬不可用硬物刮除，否則易傷及石材表面。接著，再用乾淨毛筆或脫脂棉沾白茶油，均勻塗在石雕的各部位，即可使雕件益增光潤。

值得注意的是，油養時採用白茶油是最理想的。花生油、沙拉油、芝麻油皆會使石色泛黃，所以不宜採用。此外，動物性油脂與化學合成油脂也不適用於壽山石的油養，不但不能產生養石的功效，長期使用還可能嚴重破壞石質，所以，請務必謹慎。

珍品欣賞

濟公活佛／巧色芙蓉／郭功森刻
賞析　白中微泛青意，赭紅、暗黃相間其中，略帶砂團。體態輕盈、步履矯健，雕工栩栩如生。(4×2×9)

苦瓜／黃杜陵／郭功森刻
賞析　色呈桐油黃，時而凝膩深沈，時而通透晶瑩。括去渾圓飽滿，以清瘦秀麗見長。(2×1.5×8)

觀音菩薩／旗降／老工刻／9.5×5.5×14
賞析　色澤多變，質地堅細。人物造型樸雅，雕工細密，衣袂轉折順暢，線條柔美，慈威並具。

觀音菩薩／旗降／老工刻／9×6×18
賞析　色白泛灰青意，絲狀紋理綿密鋪陳。曲線玲瓏，暗生律動，款擺風情，莊嚴而不失輕柔。

如意觀音／旗降／老工刻／12.5×6×18
賞析　色黃艷而有光澤，烏金線條迂迴其中。造型氣勢非凡，果決精進，眉宇間透著智慧。

古獸／大山通／郭功森刻

賞析　色濃黃如臘。雖僅在方寸之間迴旋作態，卻無損於氣勢精神，靈動精緻，無與倫比。(5×1.2×4.2)

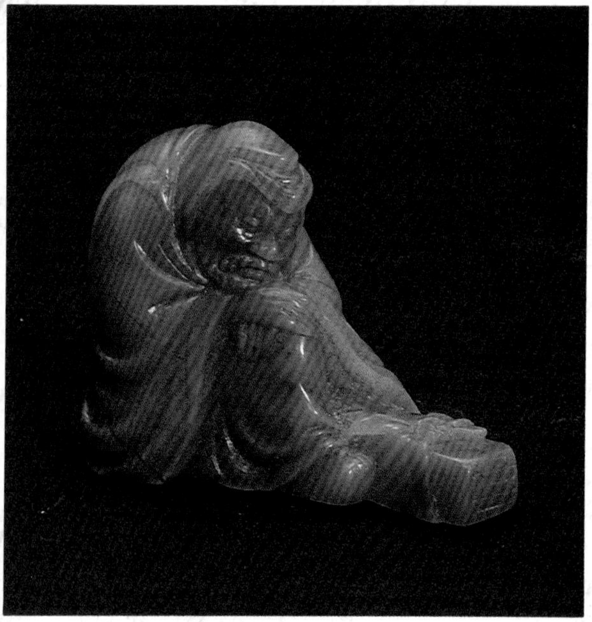

達摩／杜陵凍／郭功森刻

賞析　色呈黃褐帶紫，整體通透，石質光潤，暈紅色斑點鑲綴石表，脈絡清晰可見。(4.5×2×4.5)

獅吼／老杜陵／黃恒頌刻

賞析　色呈熟栗黃，雜有灰色斑點與蘿蔔絲紋，展現歲月的況味。態勢威而不厲、猛而不暴。(10.5×4×4)

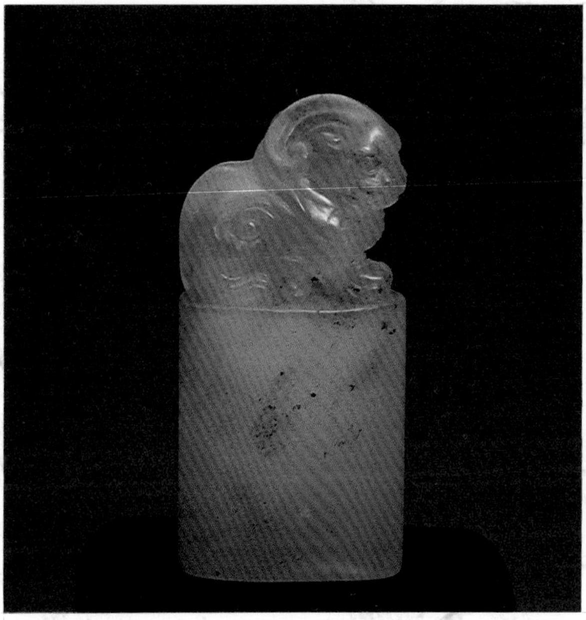

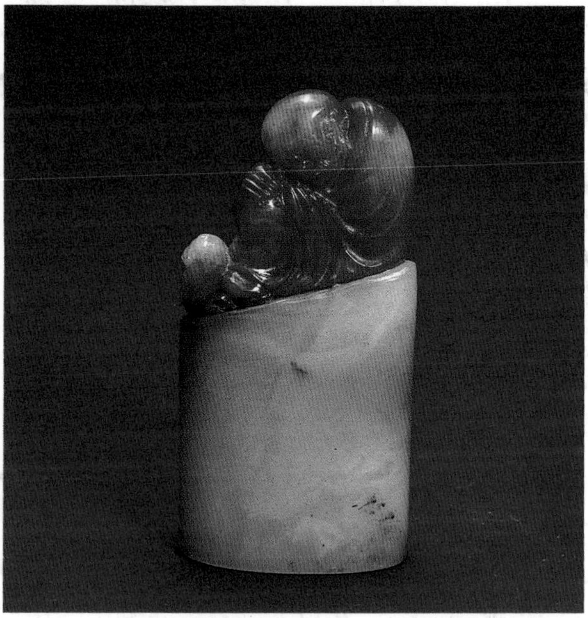

甪端鈕／高山凍／郭功森刻
賞析　通體泛藍，底質帶黃，綴有砂點，清涼可喜，份外澄淨。雕工稹密，曲線自然。(2.5×1×5.5)

羅漢鈕／巧色芙蓉／郭功森刻
賞析　底質呈藕尖白，帶紅色砂點，頂有赭色斑紋，餘則白裏透紅，紅中泛白，美艷致極。(3.5×2×7)

戲珠古獸／紅芙蓉／郭功森刻
賞析　色呈朱紅，溫潤凝膩，嬌艷絢麗，光彩奪目。偶有格紋、砂點相間其中，更添風情。(8×2.5×4.5)

古獸／善伯／郭功森刻
賞析　自左而右，由蜜黃至粉白，石質晶瑩脂潤，溫潤有餘。造型炯炯有神，令人為之一亮。(7.5×4×7)

長春羅漢紐／白芙蓉／潘泗生刻
賞析　色呈豬油白，暈黃自底部緩緩爬梳，染渲石表。寫意安詳，教人不忍釋手。(2.5×2.5×5.5)

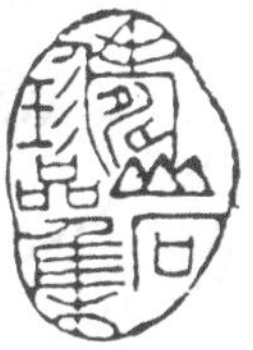

如意興隆(龍)／旗降／古工刻
賞析　自左而右，由青而紅至紫，淡雅色澤一脈相承。緊湊構圖，鮮活表情，一覽無遺。(31.5×7.5×7.5)

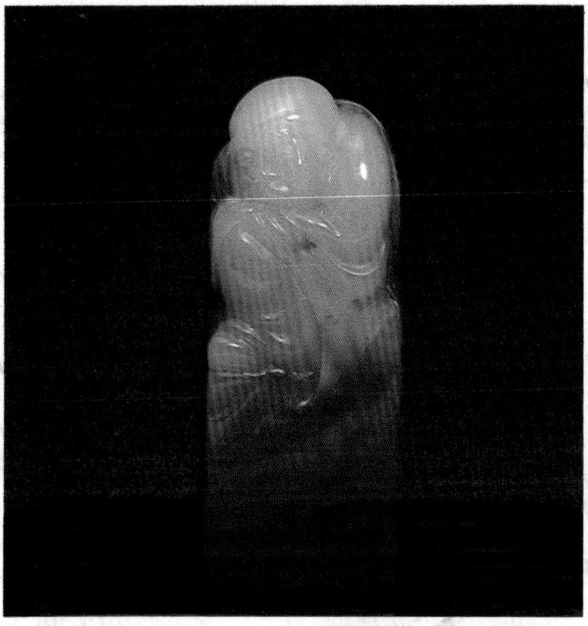

羅漢鈕／巧色芙蓉／郭功森刻

賞析　赭紅色澤裹覆於外，溫潤羅漢包藏其內，底部深色條紋，形成三色合一的交雜畫面。(2×1.7×5)

漁翁／巧色杜陵／郭功森刻

賞析　色彩豐富多變，畫面鮮活靈動。美酒鮮魚，悠然自得，垂釣之樂，躍然石上。(6.5×4×10.5)

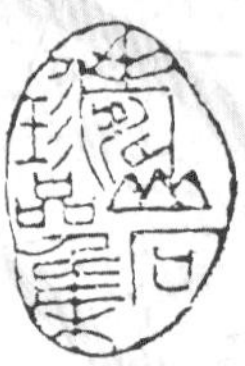

長看羅漢鈕／紅芙蓉／潘泗生刻

賞析　色呈朱紅，光潔艷麗，溫潤嫵媚，通體純淨。砂點、棉絮落入其間，美不勝收。(2.3×2.6×10)

童子與漁翁／旗降／黃恒頌刻

賞析　色呈鐵灰黃，石質堅硬，凝膩少有光澤。人物造型饒富趣味，姿態萬千，引人入勝。(5.5×4.5×11)

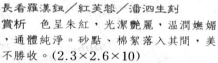

古獸鈕／老杜陵／周寶庭刻

賞析　色呈肥皂黃，獸身雜有灰白，通體隱現筋絡及蘿蔔絲紋，眼光如炬，勢如破竹。(5.5×3×5.5)

踏雪尋梅／巧色荔枝／郭功森刻

賞析　色呈豬油白，間或點綴蜜黃，巧色落於右頂處。皚皚白雪，光潔圓潤，生動人物，境界空靈。(12×4×12)

李白醉酒／旗降／郭功森刻

賞析　色呈黃褐，濃淡互滲，相融得宜。雕工自然，刻劃細密，神韻逼真，古意盎漾。(14×4.5×7)

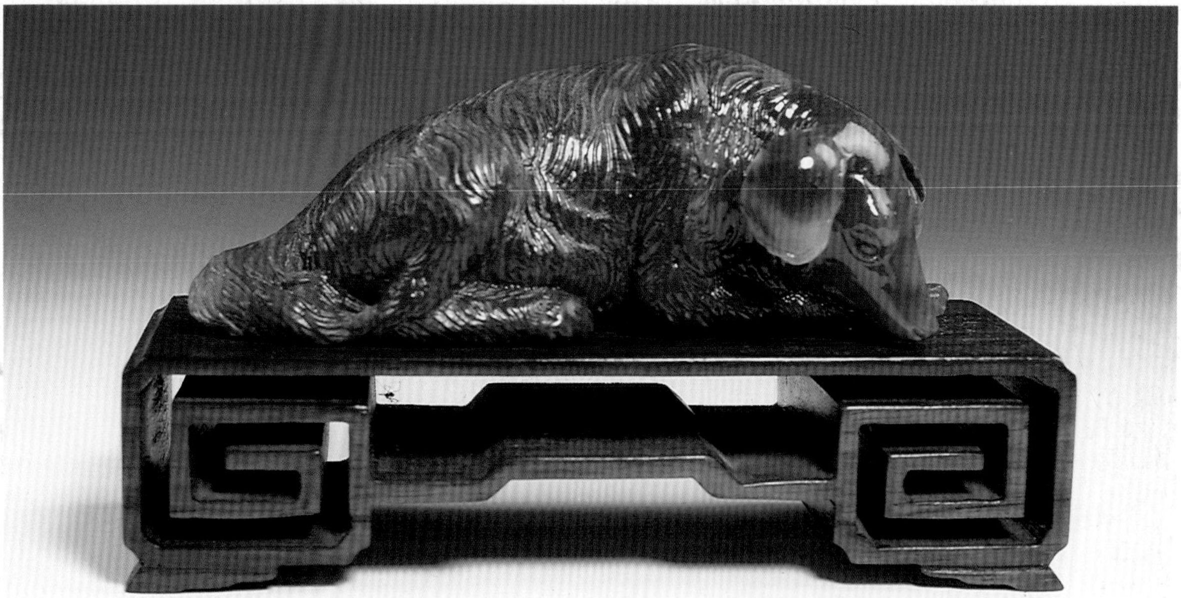

狼／朱砂高山／黃恒頌刻

賞析　色呈朱砂紅，石質均勻，溫潤光滑，肌理流暢，線條綿密。俯臥之狼，暗潮洶湧。(15×4.5×5)

迎春花／水坑桃花凍／郭功森刻

賞析　冰清玉潔，通透純淨，朱紅赤褐冉冉升起。含苞待放欲綻還羞，花之容顏，不忍釋手。(7.5×3.5×13.5)

男相觀音／善伯／郭功森刻

賞析　色白，通體泛紅，金砂散落有緻。雕花精緻，線條柔和，慈輝之光，照耀人間。(7.5×5×16.5)

古獸印／五彩芙蓉／黃恒頌刻

賞析　白紅橘灰黑紛陳石體，五彩斑斕，驚艷世人。曲線玲瓏，雕工積密，堪稱極品。(2.7×2.7×10)

五子彌勒／旗降／老工刻

賞析　色如鐵銹，巧色雜紋鑲飾左側，富於變化。光澤温潤，趣意盎然，姿態萬千，令人莞爾。(21×10.5×15)

降虎羅漢／老高山／黃恒頌刻

賞析　灰白色調，融入其中，赭紅彩暈渲染沈降，降虎羅漢仰臥榻下，悠然閒適，煞羨凡俗。(11×12×7)

穿環螭虎／老高山／周寶庭刻
賞析　色澤瑰麗多彩，詭譎多變，質細而鬆，造型自然鮮活，靈動之姿，忽而轉現，教人激賞。(7.5×4×6.5)

穿環螭虎／老高山／周寶庭刻
賞析　色呈豬油白，凝膩潤澤，石質通透，飽滿身軀，環環相扣。雕工細巧圓潤，非俗匠所為。(9×4.5／7)

穿環螭虎／白高山／周寶庭刻
賞析　色呈豬油白，微泛藍意，砂點錯落通體，格紋巧飾其中。搖尾擺首，氣象萬千。(11.5×4.5×7.5)

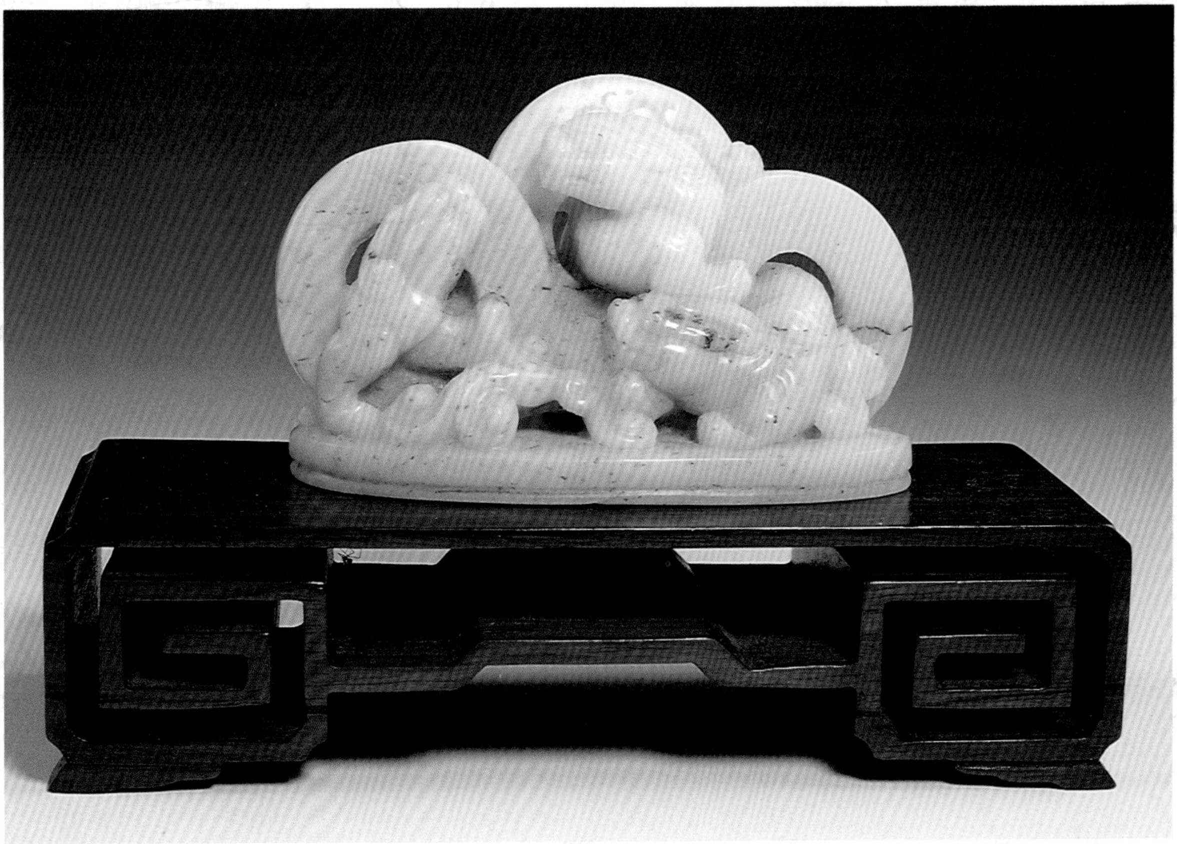

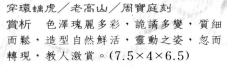

古獸(饕)/老高山/周寶庭刻

賞析　色白，巧色置於背脊，灰黑、紫紅砂點及絲紋交疊錯落，教人目不暇給。(10×5×7)

羅漢/豆耿/黃恒頌刻

賞析　色泛青黑，潤澤光潔，流瀉線條，更增律動。偶有格紋穿插其間，架構成不同韻味。(7.8×4.4×11.5)

古獸(子母獅)/白高山/周寶庭刻

賞析　色呈豬油白，質地澄淨，體態豐碩飽滿，即便是小不盈握，仍有大型雕刻的氣勢。(10.5×6.5×5)

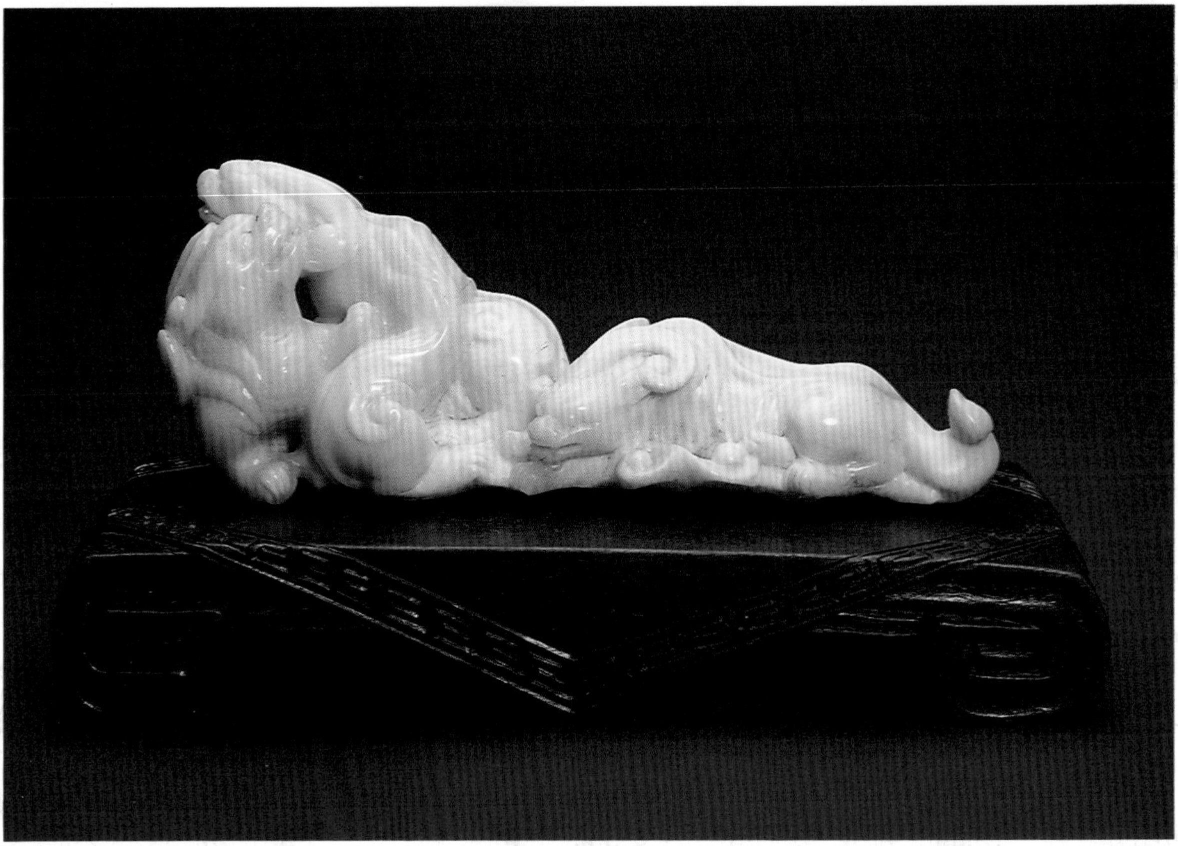

遊螭／老高山／周寶庭刻

賞析　色呈鷄骨白，微泛藍意，石質通透，純粹冷峻。創意造型，極富野趣，逍遥嬉遨，教人神往。(16×4×6)

古獸／高山／周寶庭刻

賞析　黃白色澤分庭抗禮，赤褐斑紋巧飾其間，色彩突出，沁入心扉。巧手細琢，能攫其精神。(16×4×5.8)

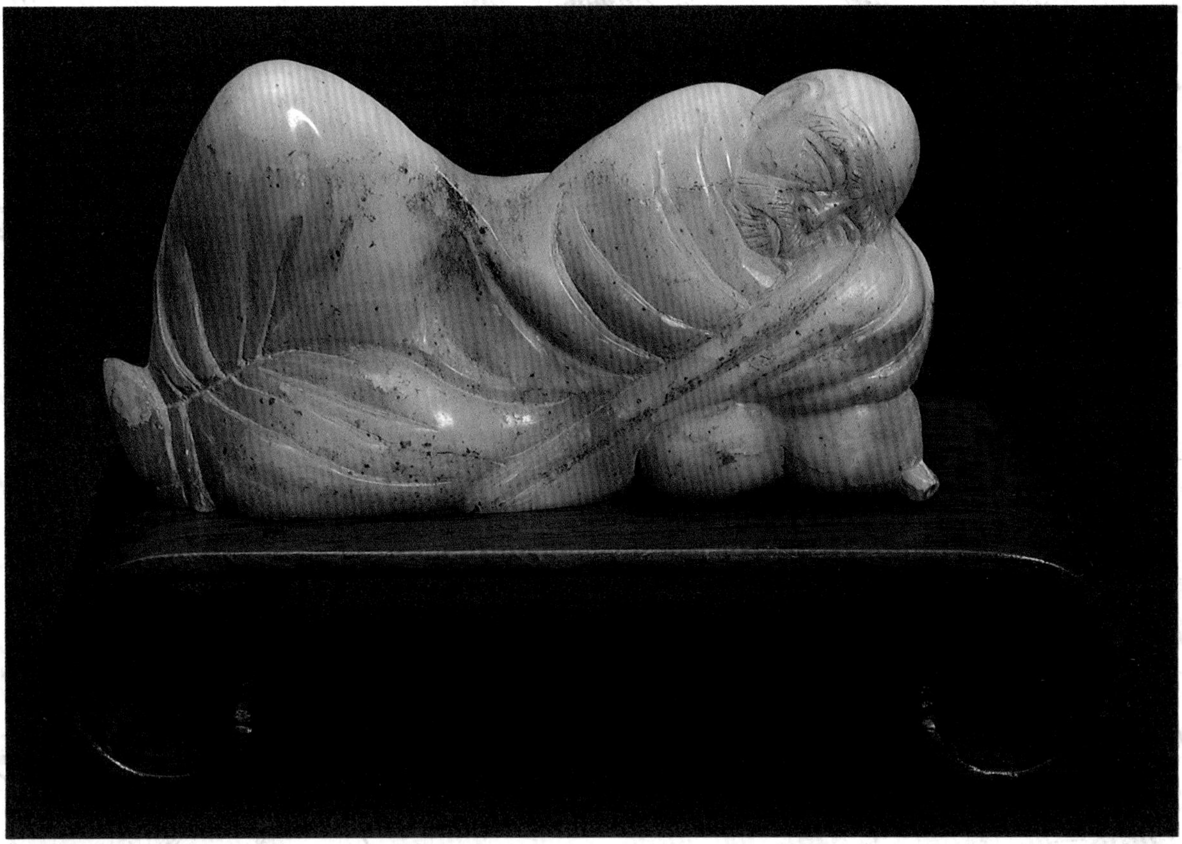

羅漢／老高山／魏開通刻
賞析　色白而凝膩，黃褐色澤斑駁其中，通體斑斑似繁星點點，沈睡之姿，教人不覺靜謐，不忍驚擾。(9×3×4.5)

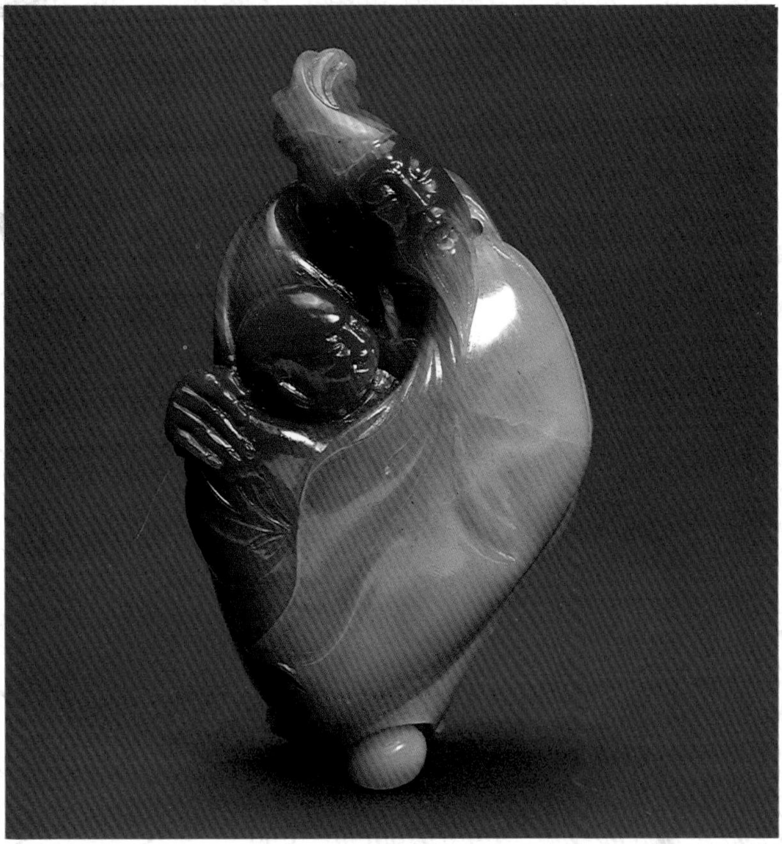

祖孫同樂／巧色高山／林元康刻
賞析　艷色至極，教人讚嘆，通體晶瑩，溫情轉現。碩大手掌，凸顯親情，弄孫之樂，表露無遺。(4×6.5×10.5)

李鐵拐／長樂石／林炳生

賞析　色呈鐵灰，綴有斑白。人物栩栩如生，衣袂縐褶自然流暢，腿部筋絡強韌有力，生命活力無窮。(39.5×13×30)

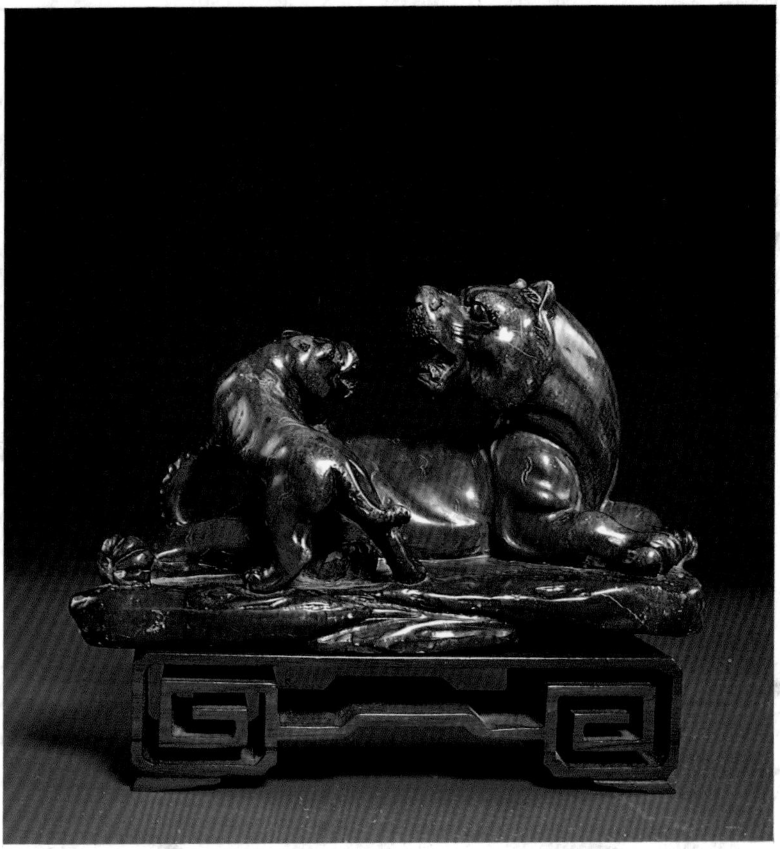

獅吼／長樂石／林炳生刻

賞析　色如鐵銹，帶有野性美，光影如波，透著晶瑩。造型雄渾有力，目光如炬，威猛而厲，粗獷美獸。(21.5×9×14)

福在眼前／旗降／林炳生刻
賞析　色泛黃，微帶青意，石色勻稱，凝膩潤澤。造型肢體豐富，稚情流露。(14×4.5×7.5)

雙羅漢／老高山／林炳生
賞析　赭紅、黃褐、深黑各據一方，盡情顯色，碳燻格紋貫穿其間。同是羅漢，兩款風情，耐人尋思。(18×13×20)

鎏金彌勒水盂／優質峨嵋／林炳生
賞析　色多青黃、淺褐、赭紅、鐵灰等融合為一，色彩艷麗，視覺豐富，細細刻劃的褶襞，更添精緻。(15.5×9×7)

母子樂／旗降／林炳生刻
賞析　色白微泛青綠，潤澤有如石膏。人物造型以表現溫情為主。童稚嬉戲之情與慈母呵護之心，相互輝映。(8×5.5×15)

劉海戲蟾／高山桃花／陳可觀刻

賞析　白裏透紅，微泛黃意，似貝殼光澤，鮮麗異常。造型小巧可人，極富童趣，一顰一笑，惹人疼惜。(9×7×6.5)

冥思羅漢／荔枝凍／林元康刻

賞析　自底部泛黃，冉冉昇華轉白，驟變為烏黑。通體無瑕，透出波光，晶瑩剔透，似吹彈可破。(8×4×6)

羅漢／善伯／陳敬祥刻
賞析　色呈橘皮紅，由濃轉淡，由淺至深，均勻協調。閒適羅漢，安之若素，不覺悠然神往。(8×4.5×5.5)

長看羅漢／善伯／陳敬祥刻
賞析　色呈蜜黃，銀白光澤閃爍其間，釋放晶瑩，內蘊金砂，粉飾灰白，巧妙融入，不帶牽強。(5.5×4.5×5.5)

長眉羅漢／鹿目格／林友清刻
賞析　集紫紅、橘黃、灰白於一身，色彩斑斕，教人驚艷。身披瑰麗外衣，美髯長眉，令人讚嘆。(6×4.5×11)

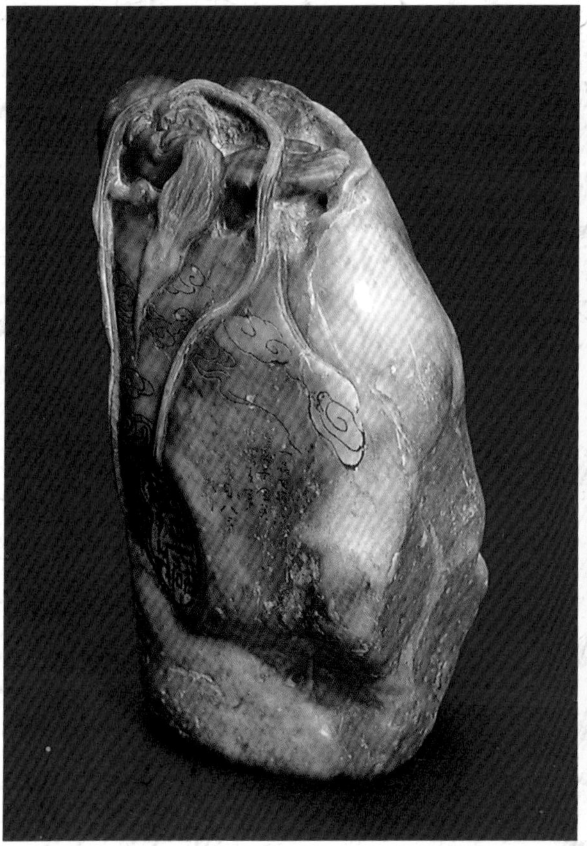

降龍羅漢／旗降／林元康刻
賞析　色呈熟栗黃，通透潤澤，垂眉、拂塵、下襬均染上灰白，為典型的銀包金，傳神至極。(5×5×10.5)

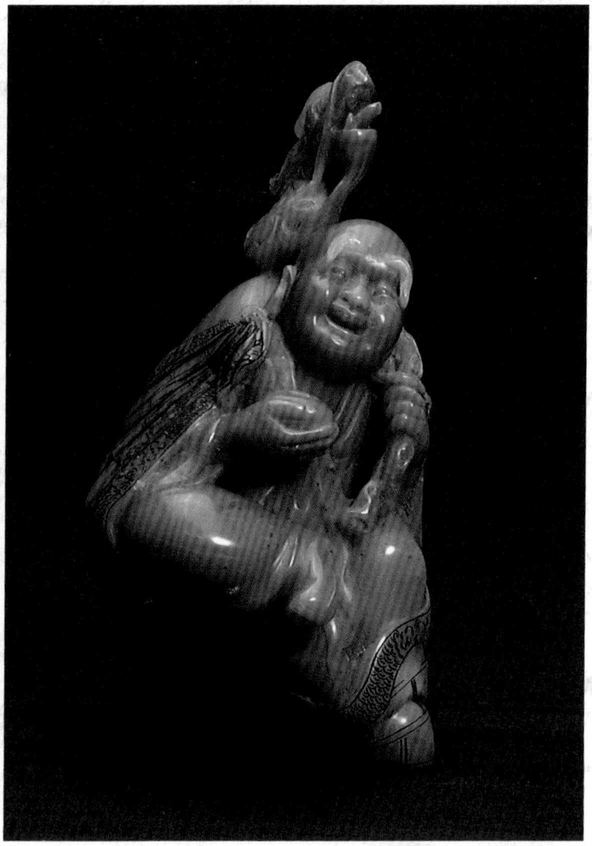

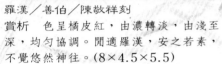

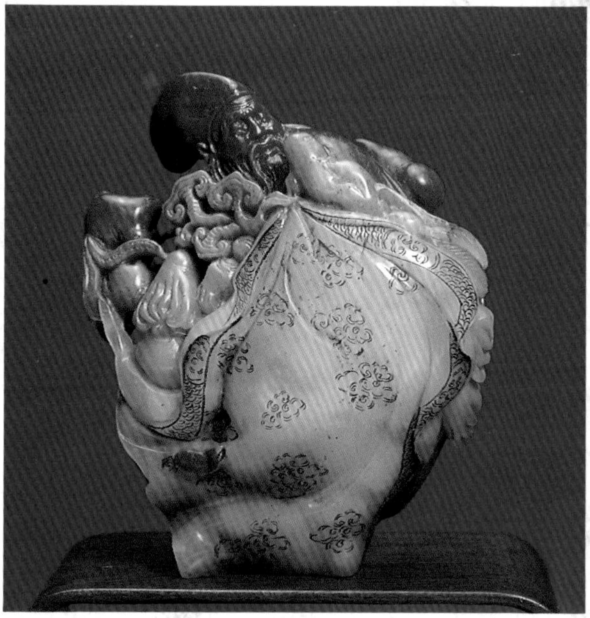

李時珍／巧色善伯／林元康刻

賞析　赭紅、蜜黃、灰白層次分明，姿態婆娑。律動之美，引燃生命，輕盈彩衣，翩然起舞。(9×3.5×11)

伏獅羅漢／善伯／陳敬祥刻

賞析　色呈赭褐，暈黃緩緩昇華，通體渲染，自然無華。伏獅羅漢各據一方，靜默酣睡，神遊太虛。(8×6.5×6)

二老／老高山／林友清刻

賞析　色呈絳紅，石質泛黑，斑駁溫潤，各有所長。寫實表情，憑添歲月痕跡。(16×9×10.5)

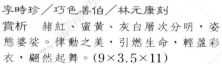

和合二仙／老高山／老工刻

賞析　色白而泛黃，質靈秀逸。造型富人情趣味，細細領受，別有洞天。相談甚歡，不覺已晚。(9×4×6)

彌勒佛／旗降／古工刻

賞析　色呈豬油白，微泛青意，通體凝膩，澄淨無瑕。造型圓融，眉舒眼開，使人開懷。(11×9×10)

達摩／掘性杜陵／林友清刻

賞析　色韻天成，渾然油彩，無心揮灑，竟成詩篇。塊狀杜陵，誠屬難得，石皮斑斑，更添風霜。(8×8×13)

降龍羅漢／旗降／徐炳鈫刻

賞析　色呈青綠，微泛藍意，搖擺雲龍，帶有紫褐，活靈活現，刻劃入微，運斤成風，堪稱鬼才。(13×9.5×17)

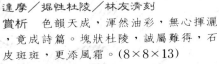

漁翁／黃高山／老工刻

賞析　色呈熟栗黃，墨色自髮髻流瀉而下，環繞衣襟，層理分明。漁翁瑟縮，喟然長嘆，冷暖自知。(6×3×9.5)

自得其樂／黑皮鹿目田／老工刻

賞析　色呈臘黃，外裹色皮，偶有砂點，綴飾其中，精緻閃爍，更添光彩。造型和藹可親。(6×4×5.5)

托腮仕女／芙蓉／江海天刻

賞析　通體泛青褐色，朱紅彩暈漾上扇面，憑添幾許柔媚多情。造型婉約秀麗，恰似美人托腮。(7.5×3.5×4.5)

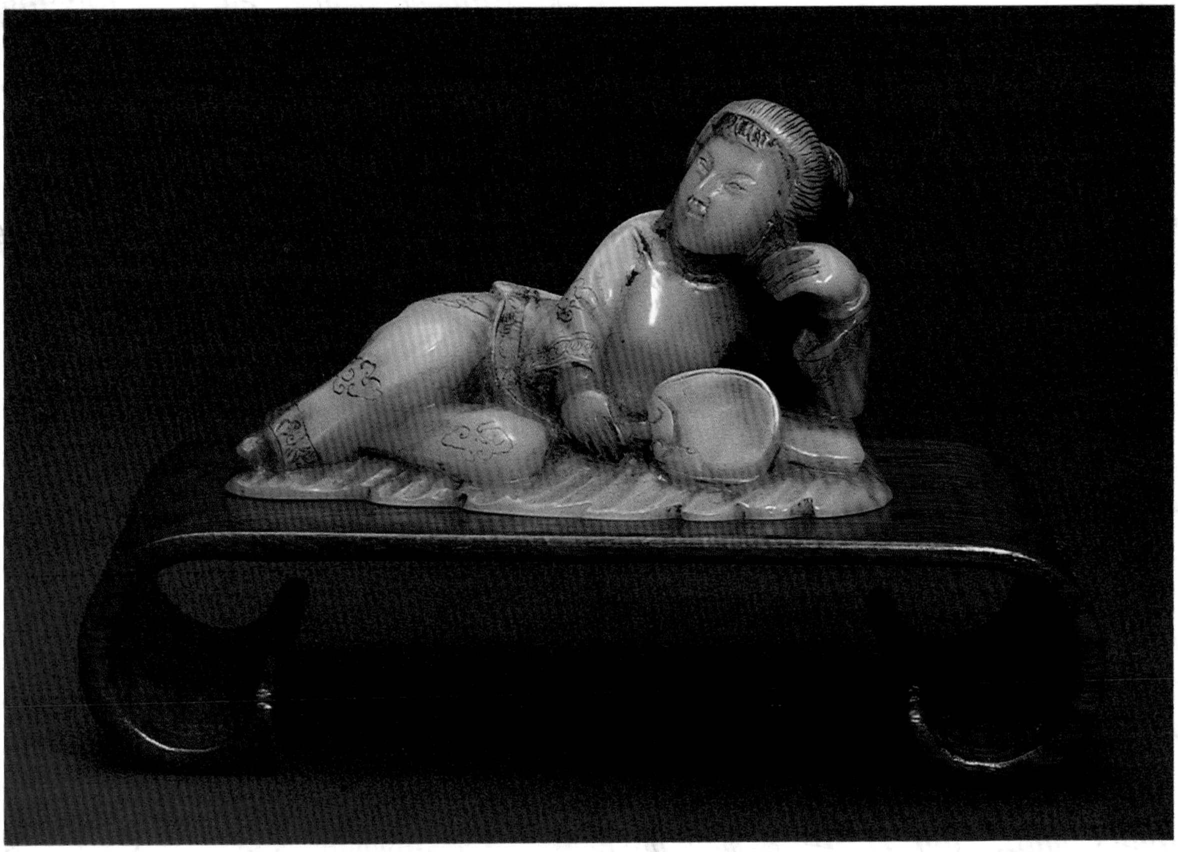

古獸(象)／老高山／周寶庭刻
賞析　琉璃色調鋪陳表面，湛藍、絳紅鑲嵌其上，通體泛著銀光，蜷縮之姿，獨樹一幟。(10.5×4.5×7)

古獸／老高山／周寶庭刻
賞析　絳紅、灰白奮力揮灑，各展所長，架構成截然不同的對比色調，刻骨銘心，引人矚目。(10.5×7×5)

鍾馗／旗降／老工刻
賞析　色呈赭紅，略顯暗沉，均質匀稱，通體潤澤，雕刻入微，神韻流露，技藝超凡，有如神助。(8×4.5×7)

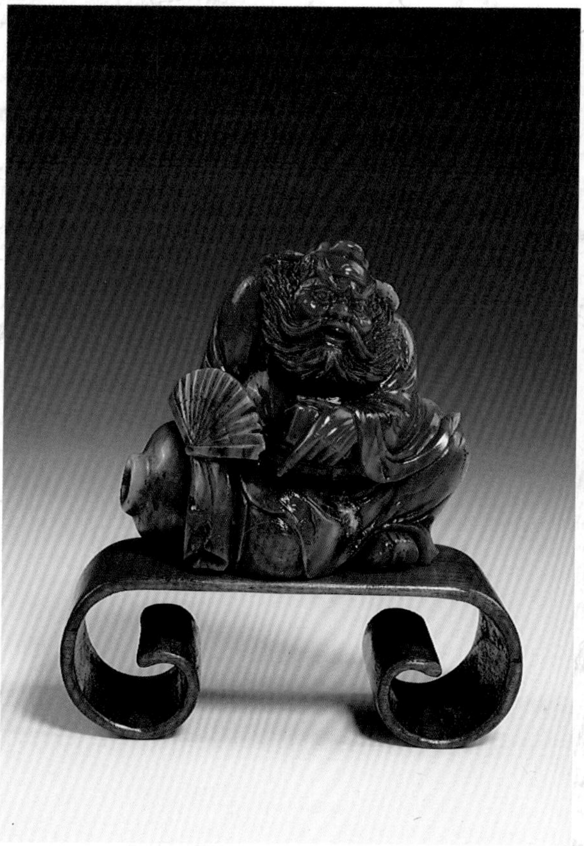

童子洗象／芙蓉／胡子刻
賞析　色黃而帶紅、灰，通體凝脂，五童子表情互異，盡力搓洗，營造出一趣味世界。(10.5×4.5×10)

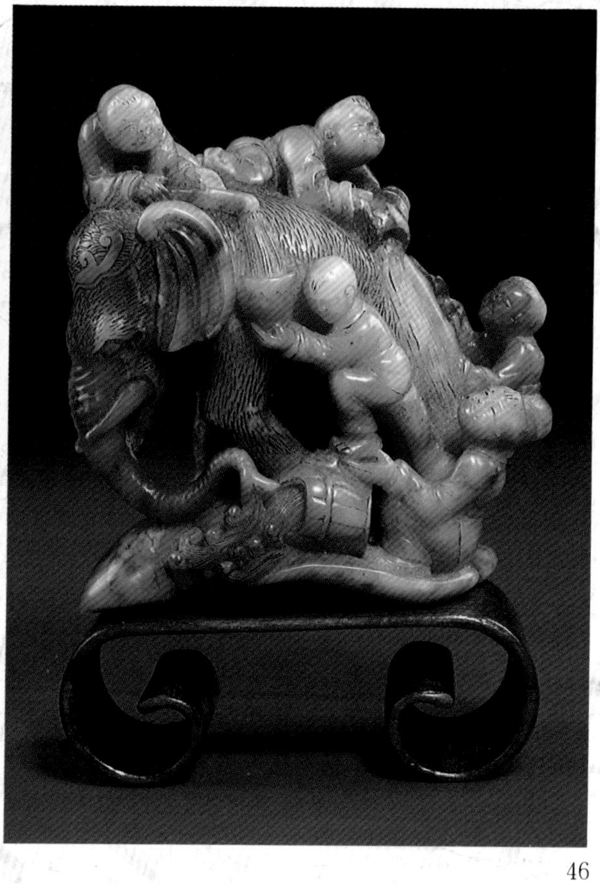

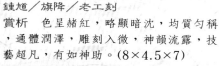

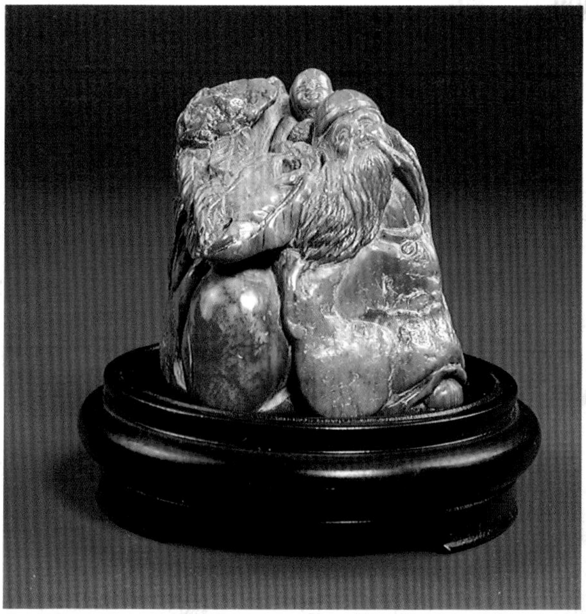

童子與老翁／老鹿目／老工刻

賞析　交集一身黃、橙、藍的老鹿目，石質微透著光亮，徐徐釋放溫雅情懷，溫情主義直指人心。(6×6×7)

漁翁與童子／老鹿目／老工刻

賞析　色呈橘紅，通體純淨，外覆色彩斑斕的老鹿目。漁夫望天之姿，教人心生好奇。(13×10×11.5)

母子牛／峨嵋石／老工刻

賞析　色呈紅褐，石質通靈，偶含砂點。光點凝聚，異常耀眼。母子靜憩，悠然自得。(20.5×8×14)

彌勒菩薩／旗降／舊工刻

賞析　色澤皎白，輪廓線呈黃褐色，明晰而生動，衣袂線條流暢，轉折更見美感，教人激賞。(15.5×8×9)

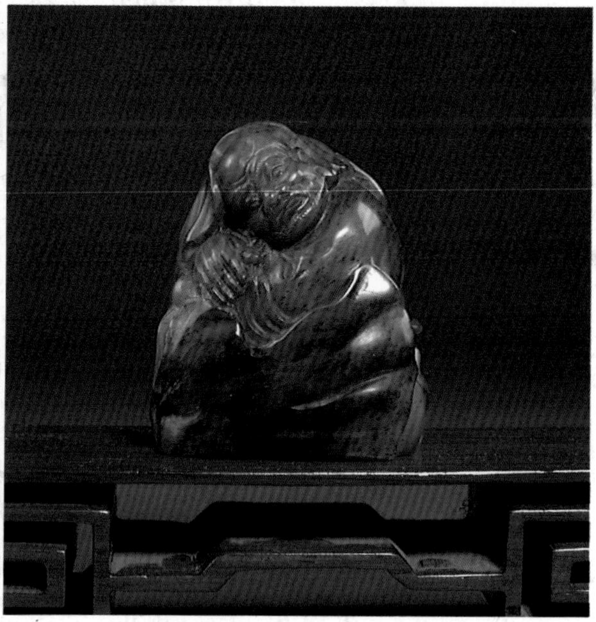

羅漢／高山／老工刻

賞析　青褐與深墨色交互運用，展現渾圓相融的石體，光潔細緻，雕工自然美觀，教人刻骨銘心。(6×4×7)

古獸(螯龍)／黃杜陵／古工

賞析　色呈深褐，通透純淨，由淡漸濃，深墨色自中心沁入，筆直渲染，幻化成不同風情。(6×3×10)

觀音菩薩／芙蓉青／佚名

賞析　色呈淡青色，通體無瑕，温潤凝練，隱約可見細砂點錯落其中。造型完美柔和，引人向善。(7×4×14)

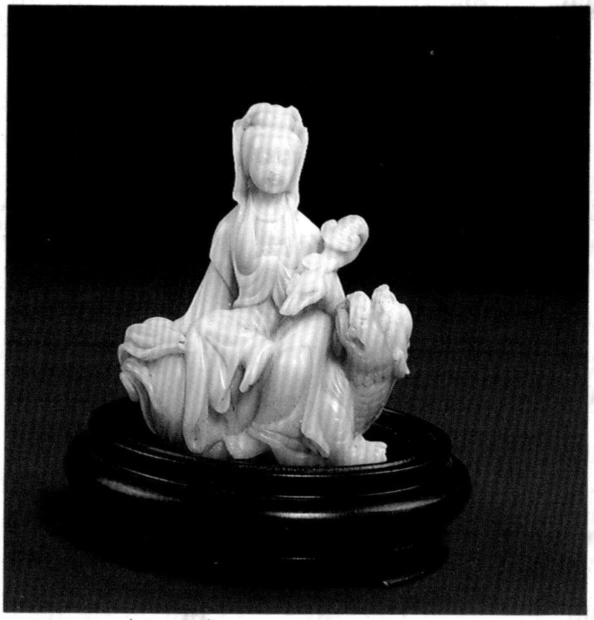

坐獅觀音／芙蓉／佚名

賞析　色呈豬油白，潤澤凝膩，光潔豐腴。詳和容顏，慈威並具，使小人心生畏懼。(7.5×3.5×9)

年年有餘／鹿目格／老工刻

賞析　色調詭異多變，觸感起伏不定，視覺效果彰顯至極，大小顆粒連鎖串連，令人過目不忘。(12×7.5×10.5)

貂嬋與呂布／竹葉青／老工刻

賞析　色呈淡黃。主題出衆，風格迴異，兩情繾綣，思惹情牽，濃情蜜意，我見猶憐。(23.5×6×8.5)

福在眼前／優質峨嵋／老工刻

賞析　石質優良，天生亮麗，色調融和，相得益彰。開懷彌勒，怡然自得，足為世人榜樣。(10.5×8.5×11)

關公／老鹿目／老工刻

賞析　通體泛紅，色澤瑰麗，形態突兀，引人入勝。忠義之士，栩栩如生，雕琢用心，氣韻生動。(10×5×6.5)

密教財神／長樂石／老工刻

賞析　色呈深墨，通體純淨無瑕，淺灰色調作為背景，微泛青意，將主題突顯無遺。(10.5×4.5×16)

地藏菩薩／長樂石／老工刻

賞析　色呈赭褐，古樸暗沈，風姿颯颯。造型骨瘦清癯，挺拔瀟灑，揚起的衣角，更添生動。(7.5×4.5×15)

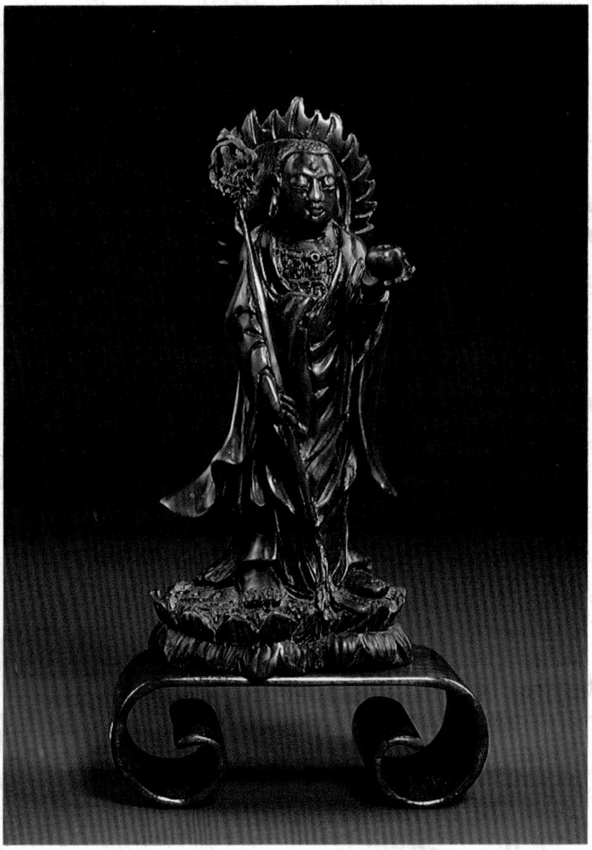

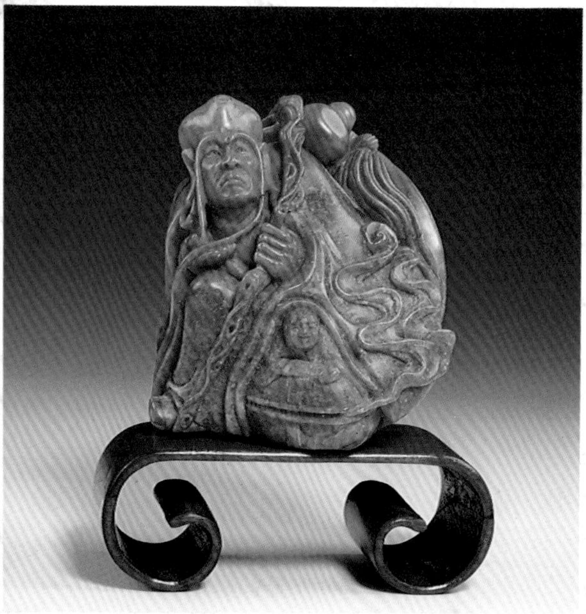

三仙／優質釁箕田／涂日其刻
賞析　色呈鶏油黃，右側一抹橘皮紅，宣洩滲染，憑添律動。底座如雲彩之翻飛，不停舞動。(6.8×4×6.8)

長眉羅漢／硬田／涂日其刻
賞析　像初溶解時的黃土，還來不及表現均質的面貌，即刻烙印成品，教人領受這份偶然的雀躍。(8.5×5×9)

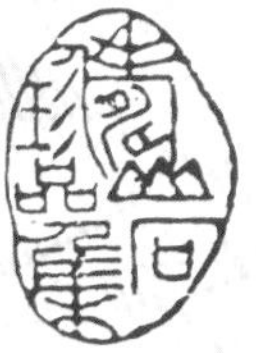

熊／老鹿目／黃恒頌刻
賞析　色呈灰褐，雄渾飽滿，靈動之姿，躍然石上。黃褐草木，輕刻浮雕，寫意優美，石中有畫。(18×8×6.5)

年年有餘／老鹿目／老工刻

賞析　色呈橄欖黃，明暗交錯，架構成明快與凝重，截然不同的風貌，洗去過於肅穆的岩石表情。(6×4×9.5)

歡喜佛／旗降／老工刻

賞析　通體潔白，皎如月星，璀燦光明，福態橫生。造型圓融豐碩，洋溢喜氣，使人可獲紓解。(10×6.5×10)

老人與小孩／紅芙蓉／涂日其刻

賞析　通體泛紅，斑點格紋渲染石面，形成濃淡不一的效果。細細品味，自能領受那份孺慕情懷。(2.5×2.1×8)

荷塘雙鶴／芙蓉／胡子刻

賞析　以捲曲貝殼為彩衣，周邊像是碳燻後的無心曲折，纏綿悱惻的包容荷塘雙鶴，而無後顧之憂。(9×5.5×11)

觀音／白旗降／佚名

賞析　色泛青意，通體呈白色。歡音端坐，目視前方，造型肅穆，教人心生敬畏，引人向善。(1.4×8×15)

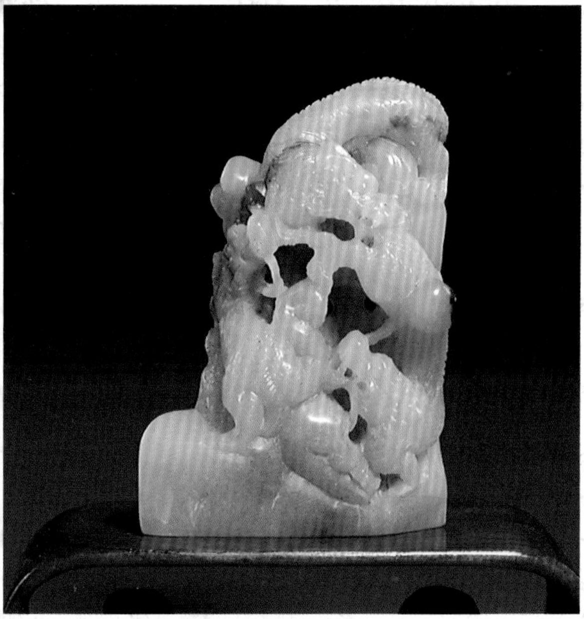

三龍戲珠／巧色荔枝／佚名

賞析　質靈通透，集白、黃、黑三色於一身，恰如其分的各自顯色，形成風格迥異的作品。(5.3×3.2×7.2)

獅鈕對章／高山石／佚名

賞析　通體以棕色為基調，底部綠意緩緩爬昇，與棕色砂點相混雜，黑色紋理貫穿，更添脈動。(2.9×2.9×10.1)

七星鼎／高山石／周寶庭刻

賞析　色調偏灰，星羅棋佈的砂點，更添寫實感。造型圓融豐腴，予人古樸憨厚的印象。(9×5.5×8)

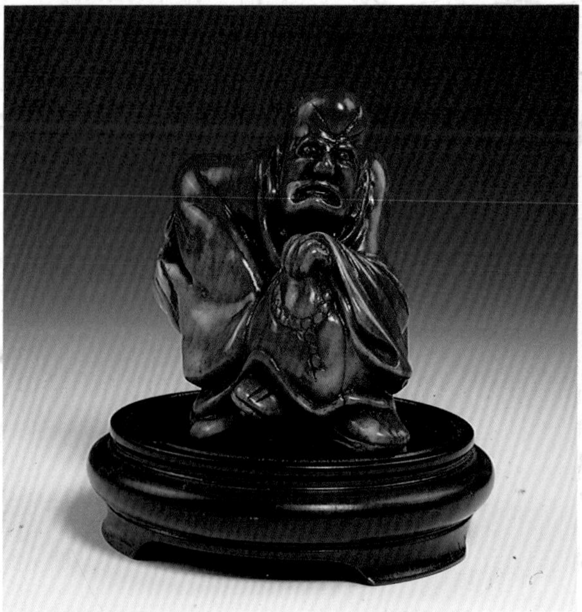

羅漢／峨嵋／老工刻
賞析　色呈棕紅，帶有黃綠，通透晶瑩，純粹無瑕，石質細緻，觸感滑膩，令人不忍釋手。(6×7×9)

彌勒菩薩／白旗降／舊工刻
賞析　色白微泛藍意，通體光潤純淨，袒裼裸裎，不加矯飾。雕琢流暢，技巧純熟。(6.5×3.5×7.5)

美猴王／旗降／老工刻
賞析　色調特出，通體泛白，猶如陳舊銀器，緩緩釋放歲月的刻痕。造型靈巧活躍，生動翔實。(13.5×11×22.5)

薄意十八羅漢／鹿目格／老工刻
賞析　以石為畫布，以刀為彩筆，盡情揮灑細膩才情。薄意之美，在於融合詩、畫、藝最高境界。(14×12.5×23)

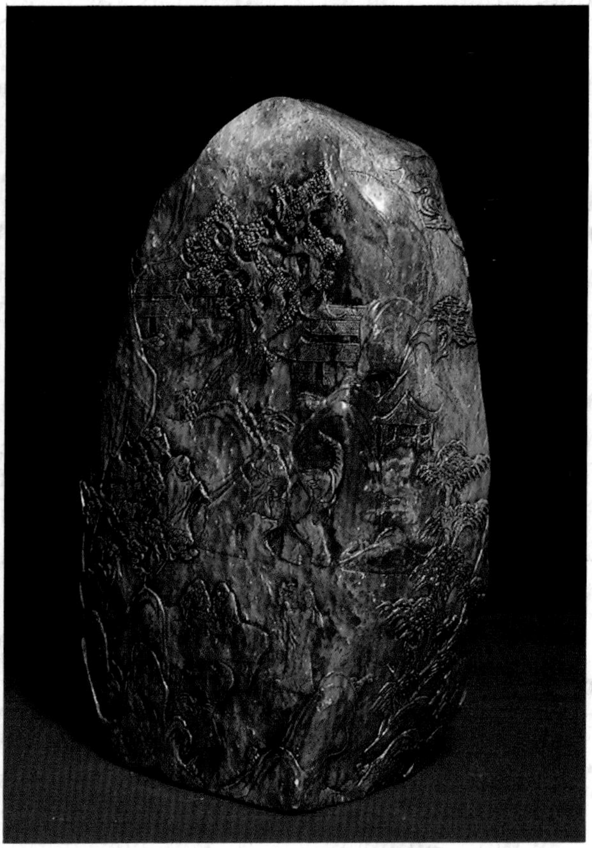

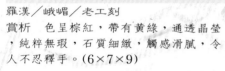

梅妻鶴子／李紅芙蓉／佚名

賞析　色呈朱紅，點綴通透純淨的白鶴，雪白鮮紅的梅花，妝點得詩情畫意，閒情雅緻。(5.5×3.5×4.5)

笑彌勒／金砂地善伯／佚名

賞析　色呈棕紅，晶瑩脂潤，多含金砂地，通透質純。造型飽滿渾圓，衣袂綴襞自然，令人會心。(5.5×4.5×8)

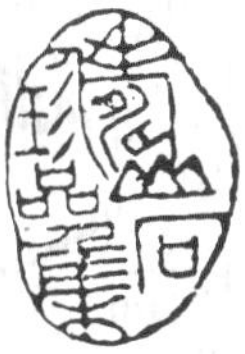

五子登科／老旗降／老工刻

賞析　色呈羊脂白，質靈通透，秀逸雅緻。人物姿態各有所長，巧妙互異，更添視覺效果。(16×6×7.5)

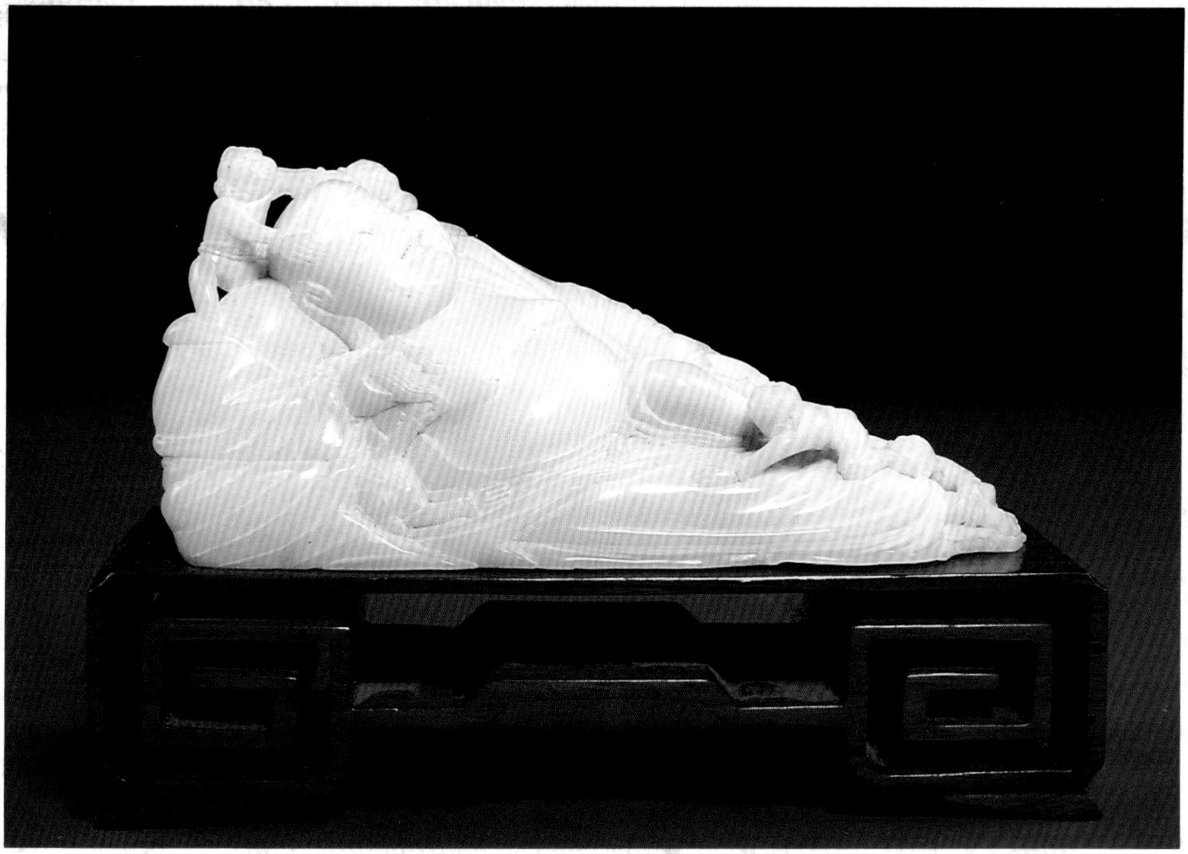

馬／高山／老工刻

賞析　色呈淡黃，背脊微泛藍意，曲線和緩的輪廓，減弱馬的狂野氣勢，反而呈現柔順之姿。(9×2.5×4.5)

山水薄意／巧色芙蓉／石奴刻

賞析　赭紅、粉白、深墨三色，架構成有情有意的山水薄意，紋理曲折多變，創意橫生。(2.6×2.7×7.5)

古獸／長樂石／老工刻

賞析　色調典雅，古意盎然。以圓弧造型取勝，古獸蹲踞之姿，帶有覬覦之想，琢磨的獸足，更添精緻。(7.5×6×3)

螭虎水盂／旗降／老工刻

賞析　色白雜有淺綠紋路，使石質更增神秘感。底座與頂部裝飾相互呼應，形成劃一的整體。(9.5×3×10)

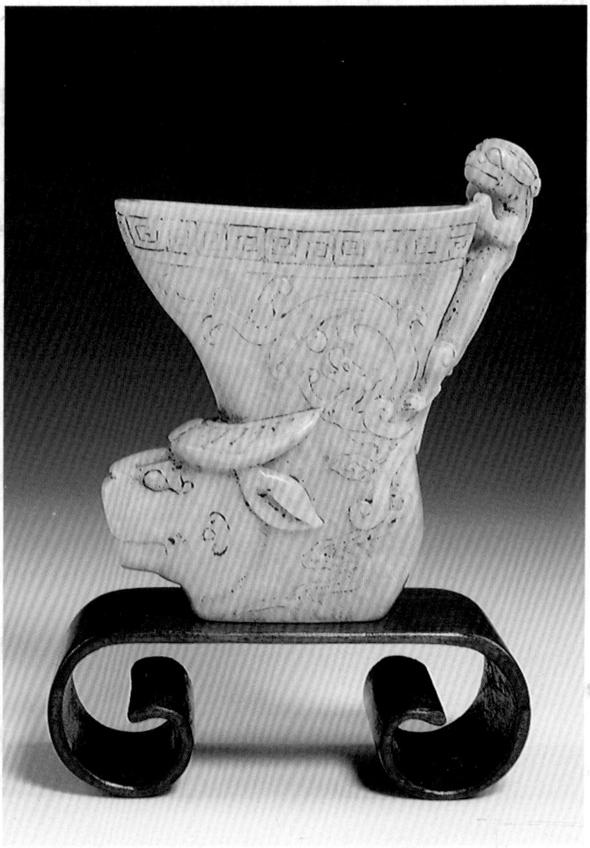

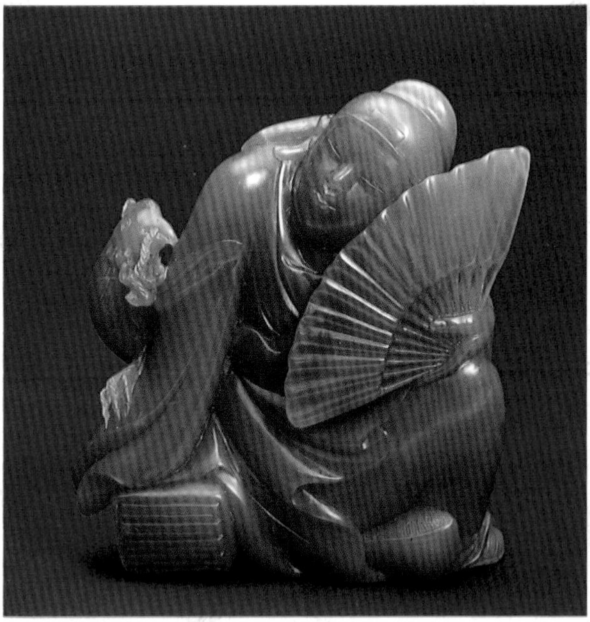

人物／黃凍／鄭謀述刻
賞析　色如枇杷，隱約通透，凝膩潤澤。人物造型圓滑飽滿，縐襞搖曳而下，輕施薄扇，暑意盡消。(7.5×3×8)

布袋和尚／白高山
賞析　色呈藕尖白，澄淨光潔。雕工流暢自然，溫潤有加，刀法熟練精湛，經典揮灑。(4.8×3.5×5.2)

壽翁／鹿目格／老工刻
賞析　色澤瑰麗，詭譎多變。有丈百美鬚，酒一壺，鳳腿一隻，子嗣一人。創意構圖令人嘖嘖稱奇。(14×9×10)

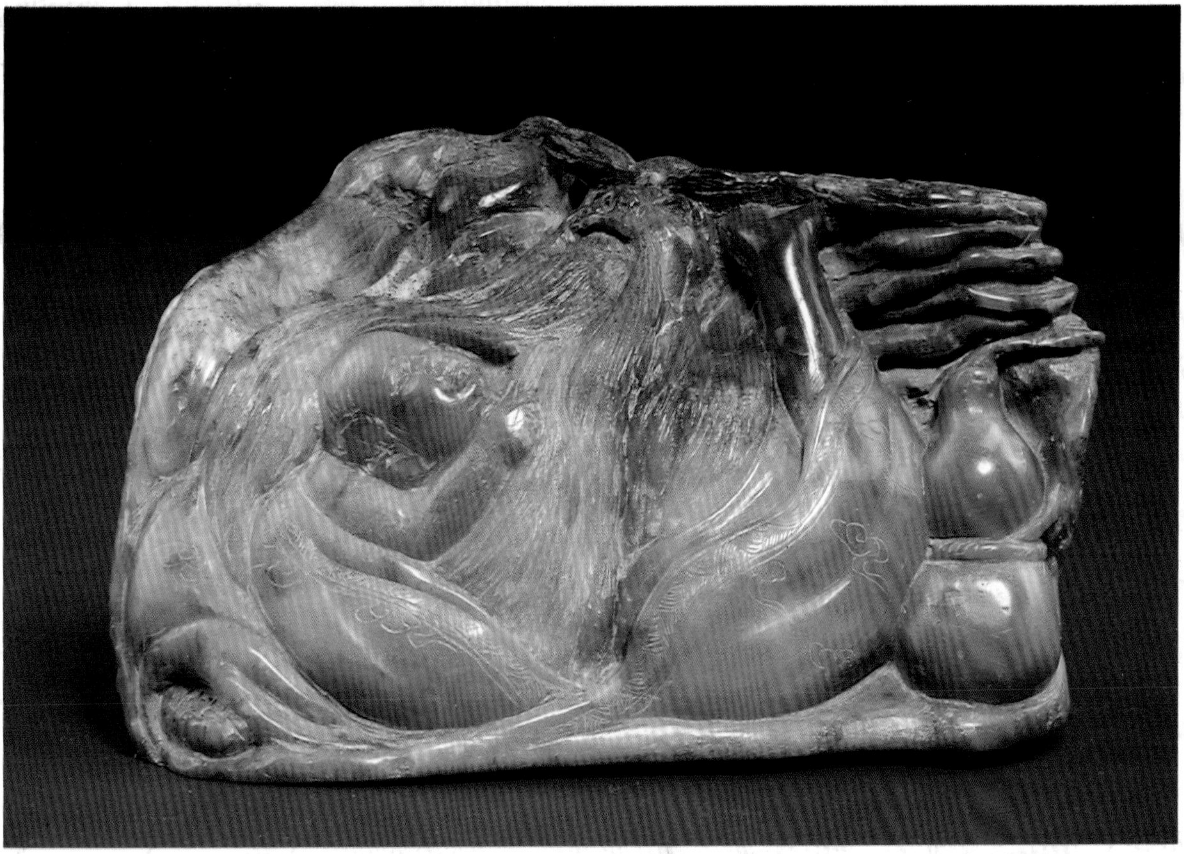

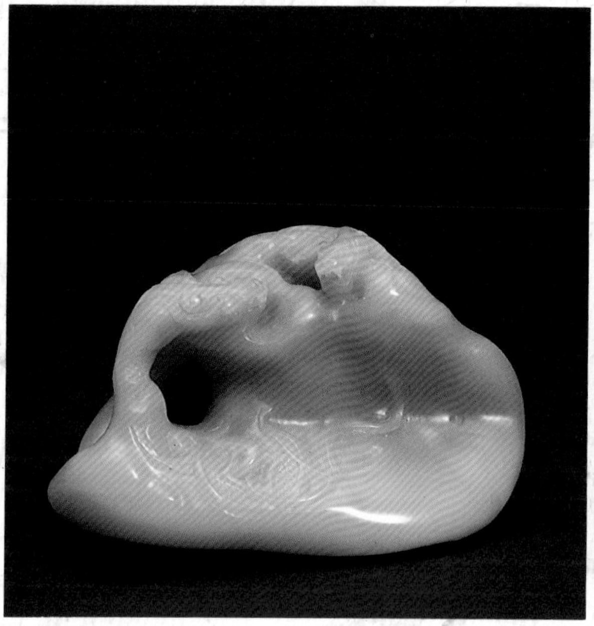

雙螭／老芙蓉／佚名
賞析　雪白光潔，暈黃渲染，濃淡相宜，自成一格。雙螭繾綣，含情脈脈，靜默相視，無限情長。(9×6×6)

古獸鈕／老白高山／老工刻
賞析　陳舊泛白的色彩，令人心生思古之情，古獸交纏疊砌，別有韻味，典雅風情，美不勝收。(5.5×5.5×7.5)

老翁與童子／黃善伯／陳益晶刻
賞析　色如蜜黃，微泛豬油白，通體凝膩，線條輕盈。主題熱鬧，含飴弄孫，其樂無窮。(8×6×16)

老翁與童子的側面

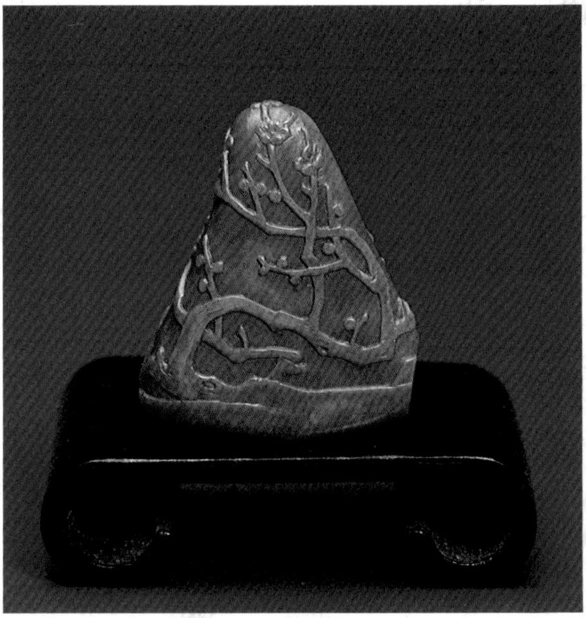

薄意寒梅／硬田／郭功森刻

賞析　色呈桐油黃，質含筋紋，忽隱忽現。精雕細琢，寒梅點點，枝葉扶疏，古意幽然。(3×1.5×3.5)

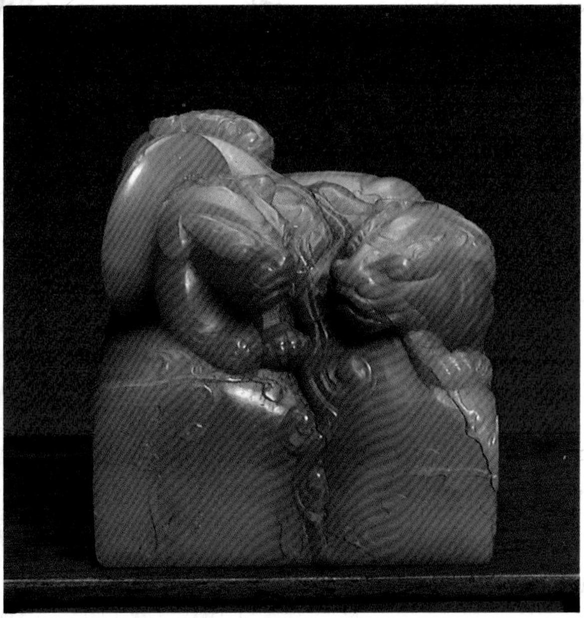

群螭鈕／優質連江黃／佚名

賞析　色如蜜黃，純粹晶瑩，隱現直紋，質硬微脆。群螭盤踞頂上，氣勢恢宏，姿態萬千。(4.3×4.3×4.3)

昭君琵琶怨／竹頭窩／傅如龍刻

賞析　質細脂潤，通體微透，泛起綠意。頗有「愁損翠黛雙蛾，日日畫欄獨」之感慨。(11×5×15)

降龍羅漢／巧色高山／古工刻

賞析　色澤濃艷，三色交雜，朱砂流瀉，明黃浮沈。降龍羅漢，相互對峙，如弓在弦，更添戲劇。(12×4.5×15)

螭虎／巧色芙蓉／佚名

賞析　色如白玉，純淨無瑕，朱紅彩暈，紛陳灑落，或凝或散，或疾或緩，都是美麗。(11×7.5×5)

年年有餘／巧色芙蓉／羅漢刻

賞析　集雪白、臘黃、朱紅於一身，色彩斑斕。魚躍之姿，靈動鮮活，刻劃翔實，栩栩如生。(11.5×8×7)

美人魚／黃芙蓉／佚名

賞析　色如蜜黃，明亮鮮麗，出水人魚，貌似仙女。幽然深坐，窈窕有緻，秀髮如絲，歌聲悠揚。(9×2×10)

羅漢洗象／芙蓉

賞析　色白微泛黃意，斷續黑線，如飛絮鋪陳。有的擦拭，有的梳洗，快樂無比。(7×4×10.5)

龍杯／巧色老杜陵／老工刻

賞析　色澤綺麗，瞬息萬變，騰雲駕霧，行如流水。紋理繁複，雕琢稹密，鮮活逼真，躍然石上。(11×6×8)

海市蜃樓／芙蓉青／石奴刻

賞析　美女俯首，夢遊仙境，多情雲海，裊裊繚繞，櫛比樓宇，隱約浮現，海市蜃樓，只在夢中。(14×2×11)

荷塘情趣／巧色芙蓉／佚名

賞析　細心架構荷塘風情，佈局蘊含巧思。群蛙齊鳴，倦鳥棲息，姿態百出，儼然一荷塘情趣。(7.5×3×10)

長眉尊者／巧色高山／佚名

賞析　色呈赭紅，巧色落於臉、手、膝等處。通體白砂點，隱約可見。雕琢獨具創意，巧奪天工。(9×6×20)

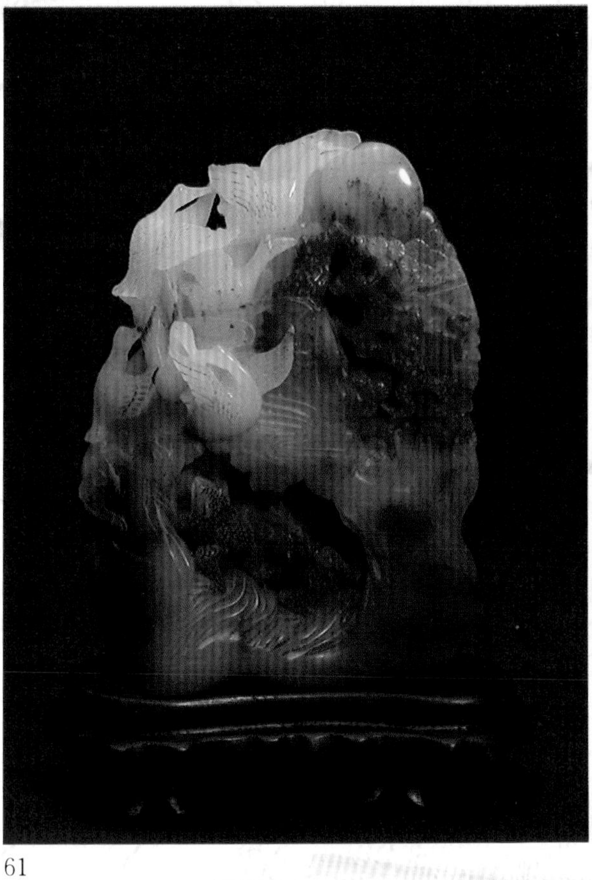

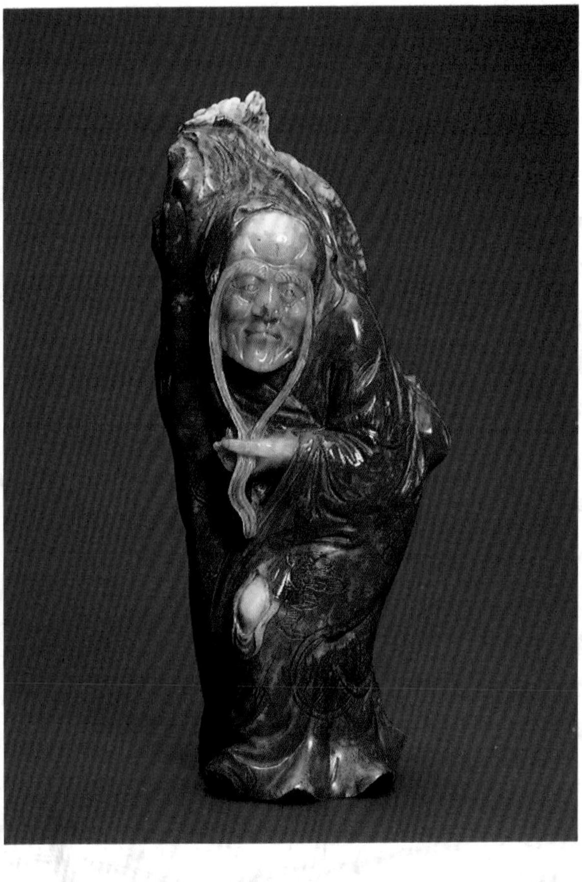

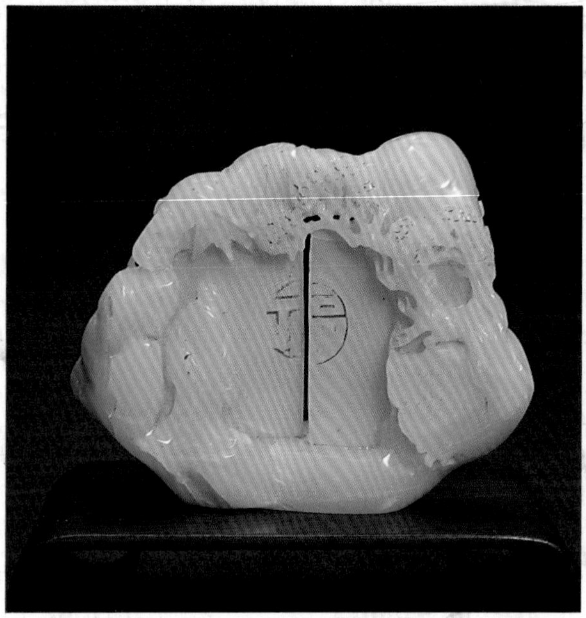

迎風戶未開／老芙蓉／石奴刻
賞析　色白而純淨，造景浪漫寫意。雙面巧雕。門裏門外，一男一女，含蓄情懷，表露無遺。(10×2×7.5)

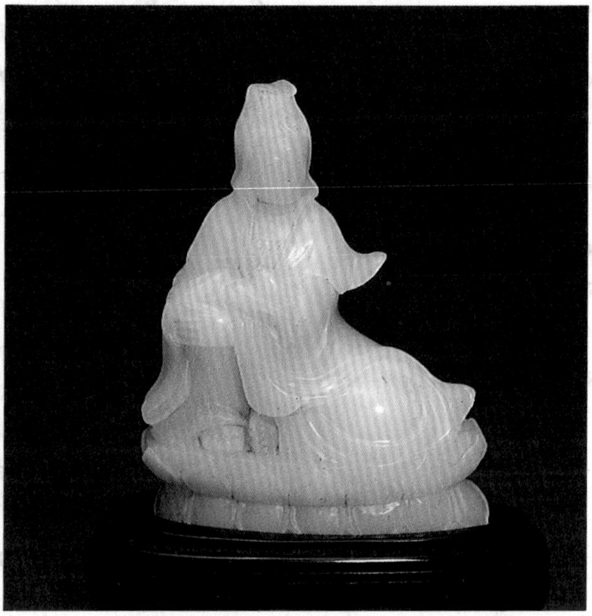

觀自在菩薩／白芙蓉／老工刻
賞析　純白微泛藍意，通體明淨。造型端麗典雅，雙手抱膝，雙瞳剪水，衣襬揚起，更添風采。(5.5×2×7)

祥龍吐水／紅花芙蓉／古工刻
賞析　紅花明艷，艷如桃李，或沈或降，或凝或暈，散落自如，疏密有致，是一絕色好石。(4.8×4.8×3.2)

竹林七賢／老芙蓉／老藝人刻
賞析　色呈豬油白，隱含黃褐色筋絡。一石一世界，一石一景物，在此可見一斑。(9.5×5×11.5)

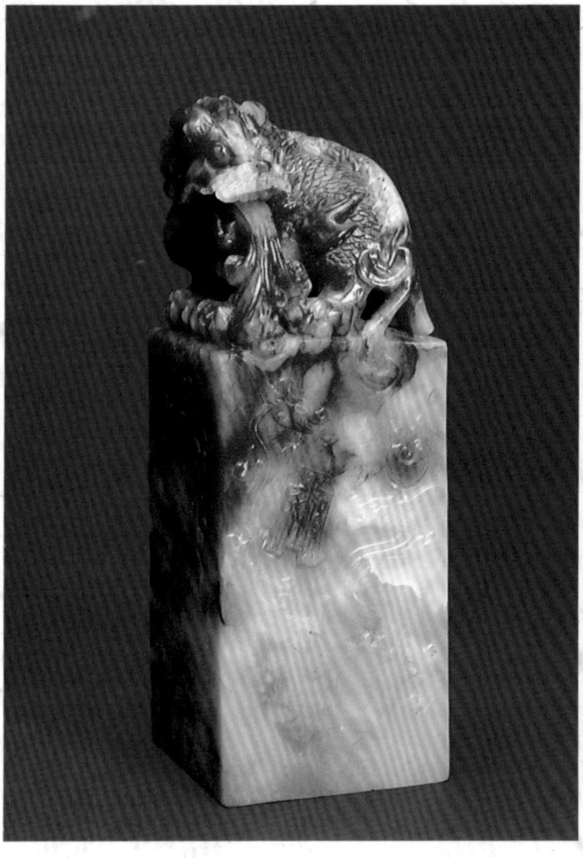

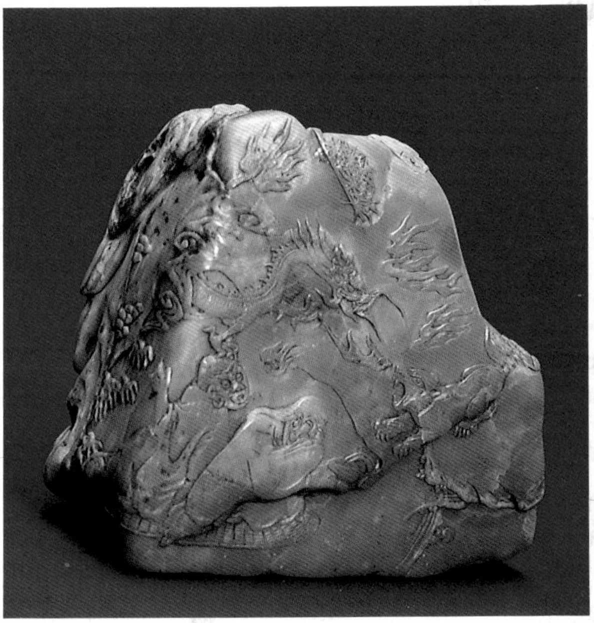

降虎降龍羅漢／大山通／佚名
賞析　薄意自然章，色黃而濃，間或點綴橙、褐，豐富原始色調。威龍猛虎，均為所降。(8.5×4.5×7.5)

騎象觀音／老高山／姜海天刻
賞析　粉白微泛黃意，光芒內斂，風華不減。虛心如象，委身蹲踞，奉獻情懷，足為借鏡。(9.5×5.5×12)

畫龍點睛／芙蓉凍／石虹刻
賞析　通體泛白，明黃筆直沈降。目光如炬，顧盼神飛，如風馳電掣，瞬息千里，令人讚嘆。(10.5×2.5×19)

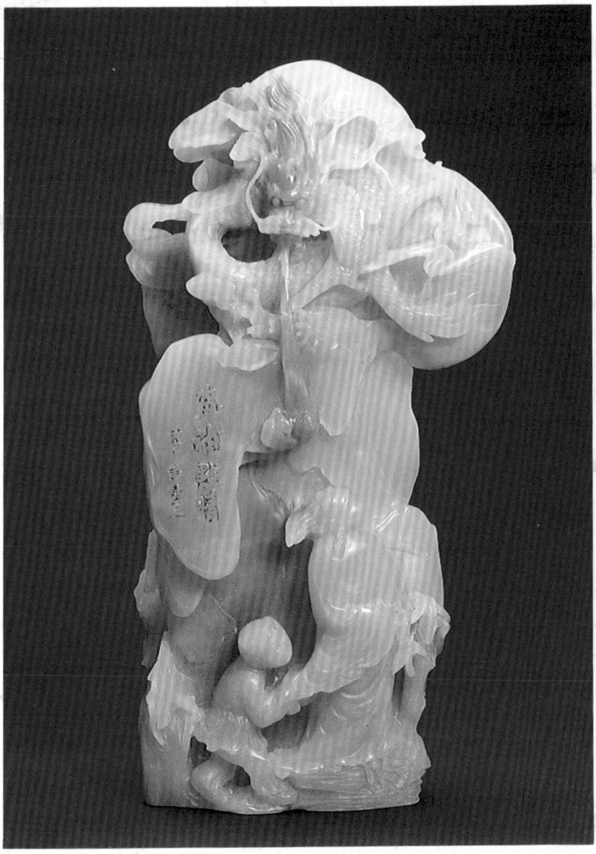

孔子講學／巧色善伯／傅如龍刻
賞析　蘊含黃、紅、白三色。孔子美髯及胸，象徵睿智無窮，孩童諄諄聽道，孺子可教。(9×8.5×16.5)

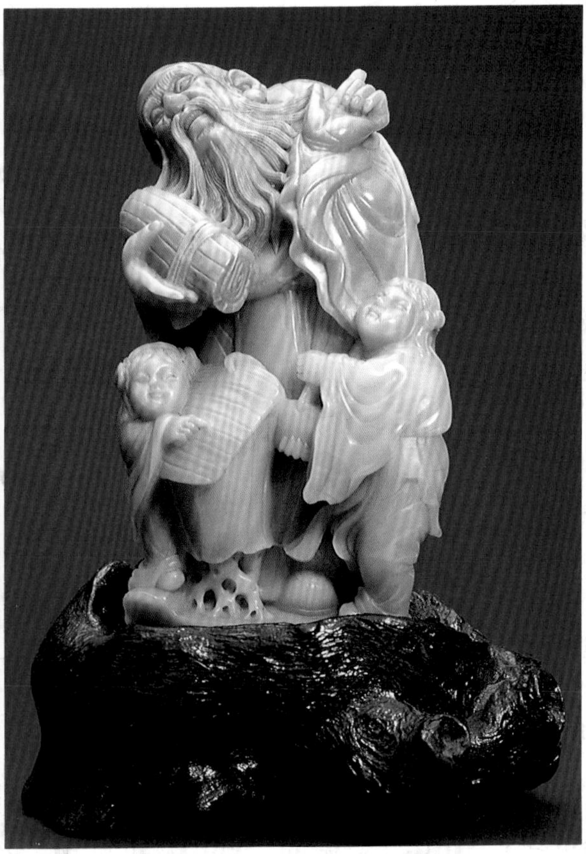

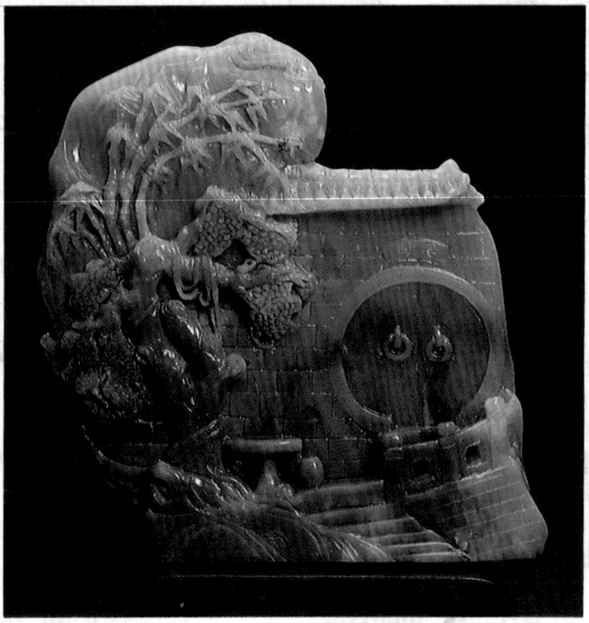

西廂記的反面

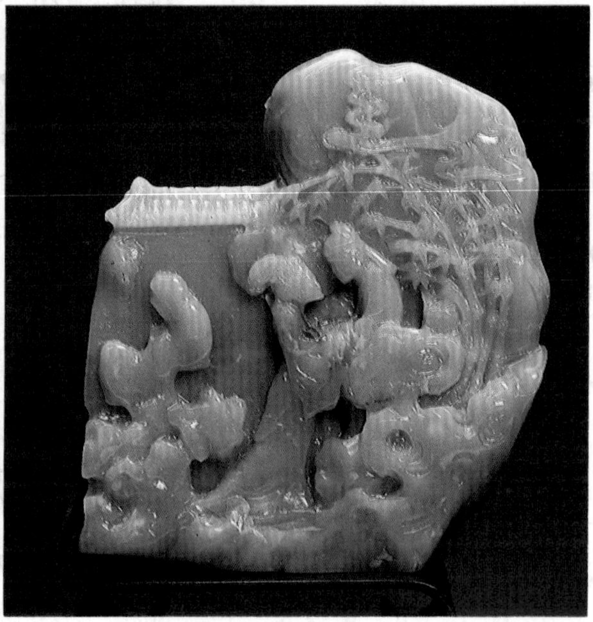

西廂記／巧色芙蓉／石奴刻

賞析　雙面巧雕，一呈綠色，一為綠紫巧色，刻劃兒女私情，細膩婉約，深刻處不覺令人垂淚。(14×4.5×15.5)

合和二仙／老高山／陳敬祥刻

賞析　色韻渾然天成，不假他手。刻劃流暢，呈水平走向，合和二仙，逍遙自在，其樂融融。(11.5×6.5×2)

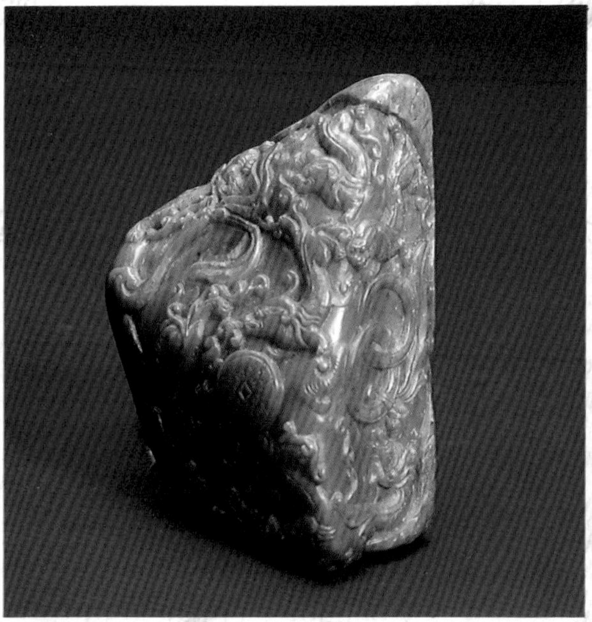

群螭戲遊／田黃（硬田）／郭祥魁刻

賞析　色黃而暗沉，通體隱現蘿蔔絲紋。群螭糾結盤踞，訴盡纏綿，交錯繁複，遊戲人生。(7.5×3×4.5)

祥龍戲珠／巧色芙蓉／佚名

賞析　烈火紅龍，豔色如一，雪白介入，黑珠可戲。活靈活現，栩栩如生，如夢似幻。(6×3×7.5)

竹林七賢／黃芙蓉／佚名

賞析　色黃而濃，古意盎然。造型多元，人物表情各異其趣，姿態萬千，枝葉扶疏，架構美麗。(16×2×9.5)

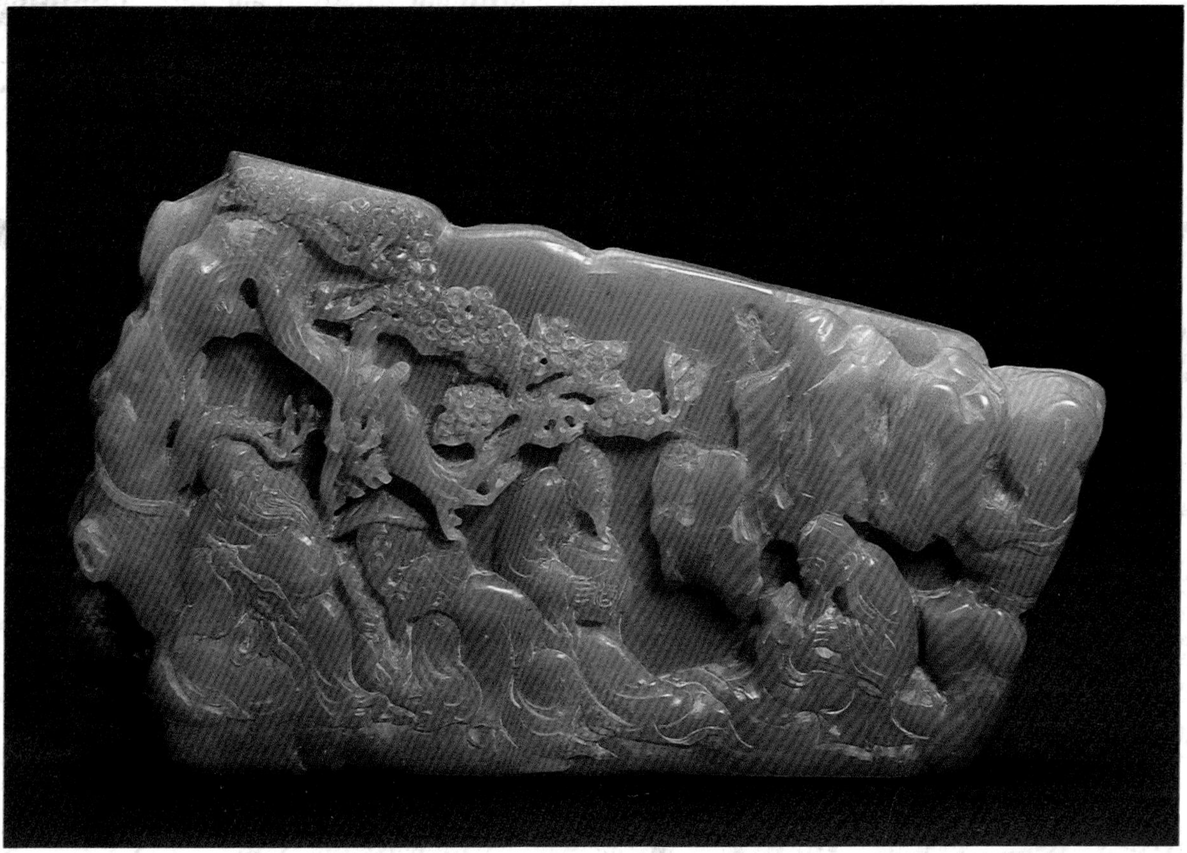

山水薄意的印面

山水薄意／紫旗降／老工刻

賞析　紫色彩暈浮動石面，或緩或疾，任風擺佈。抒情薄意，餘韻裊繞，山水風景，有情有意。(6.8×6.5×9)

皆大歡喜／長樂石／林炳生刻

賞析　色如鶺鴒卵，陳舊中帶有新意。場面熱鬧，童稚齊聚一堂，咧嘴呵呵一笑，煩惱皆拋。(41.5×18×21.5)

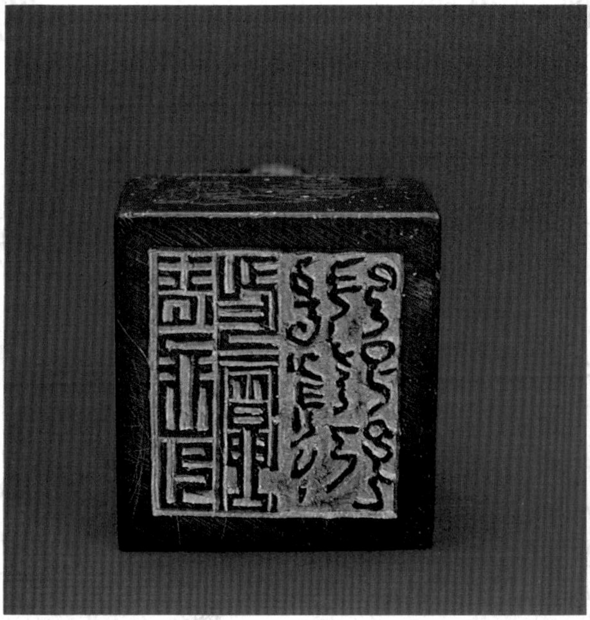

印面

龜龍鈕・八仙薄意／老紫旗降／老工刻
賞析　色呈紫紅，偶有砂點斑斑，如雪花片片，更添薄意風情。造型圓潤可愛，令人莞爾。(4.5×4.7×8)

老人與童子／李紅高山／傳如龍刻
賞析　色艷如李紅，無心曲折，酷似玫瑰，千迴百轉，綿密纏繞，透如琉璃，彌足珍貴。(14.5×4.5×6)

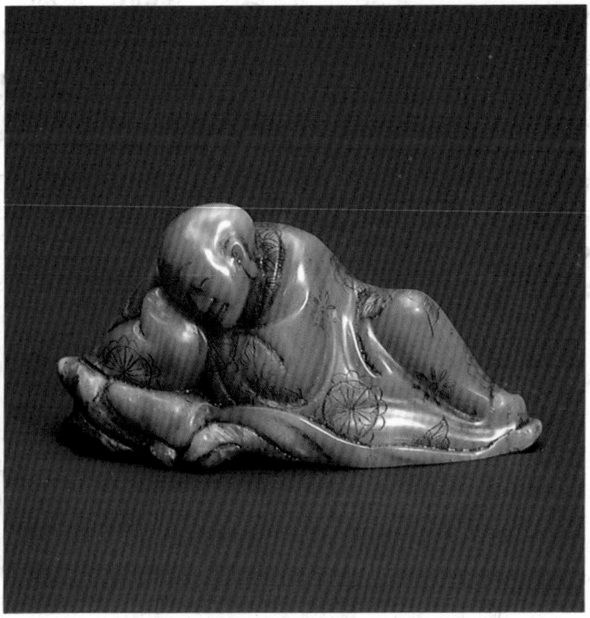

群螭戲環／黃凍／老藝人刻

賞析　色黃而凝膩，質地深厚，光潔溫潤。群螭嬉戲，逍遥自在，追逐喜悅，其樂無窮。(13×3×8.5)

偷閒小沙彌／芙蓉／姜海天刻

賞析　色呈蜜黃，淺黃緩緩爬梳，游離其中。衣飾雕紋有如畫龍點睛，托腮小憩，教人不忍驚擾。(7×3×3.5)

群螭帶鈎如意／紅花芙蓉／石虹刻

賞析　集黃、白、紅於大成，色韻獨冠群倫，造型綿密不絕，無盡纏繞，細緻優美，鮮活靈動。(10×3.5×4)

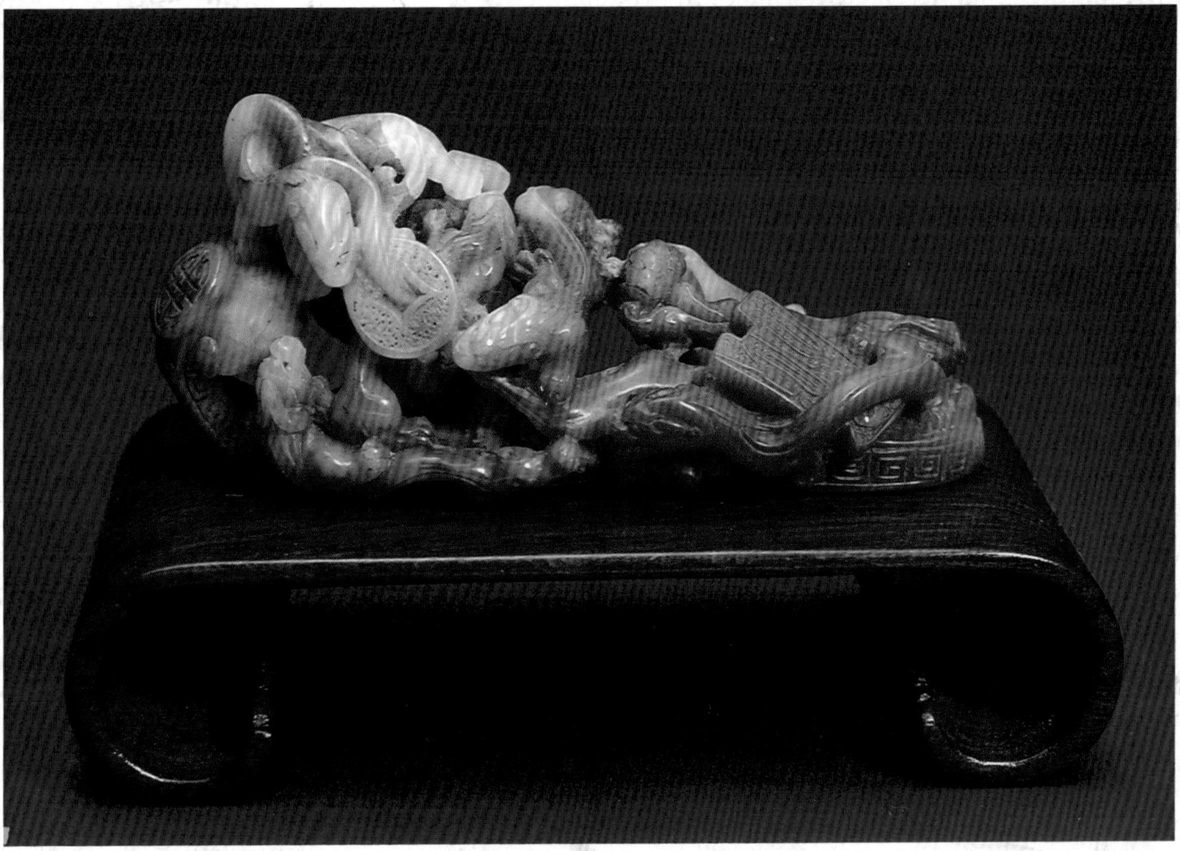

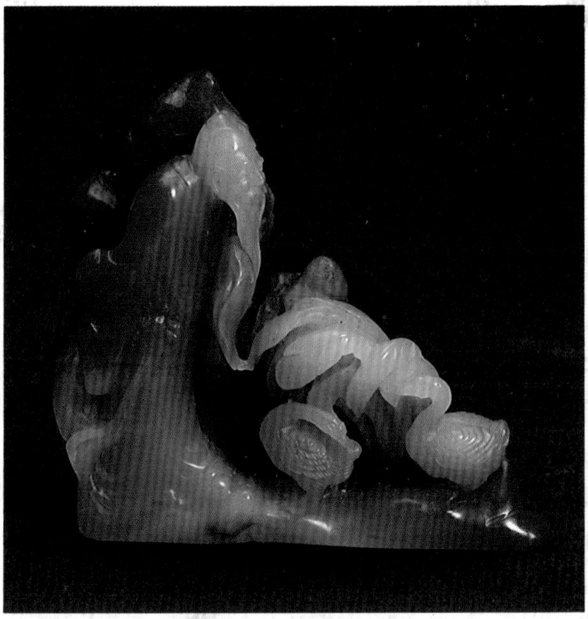

羲之愛鵝／巧色桃花芙蓉凍／石奴刻
賞析　色層分明，有脈絡可尋，質靈通透，色彩瑰麗。鵝潔如白玉，羽翼豐滿，人見人愛。(7.5×2×6)

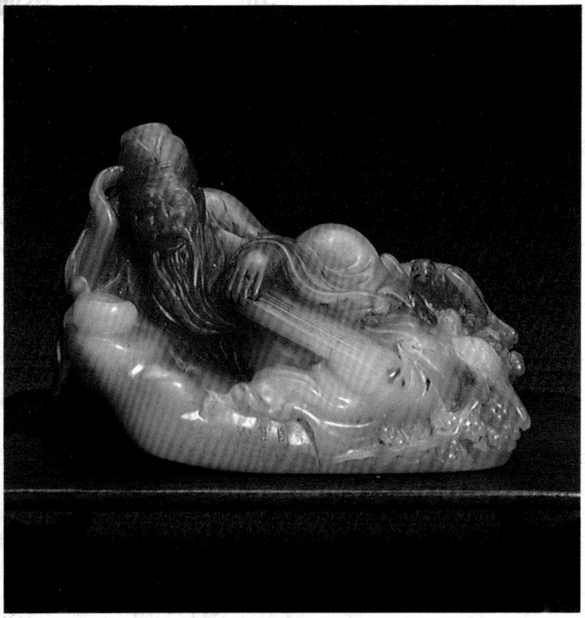

伯牙彈琴／醉芙蓉／佚名
賞析　色如晚霞，狂放渲染，繽紛雲彩，是醉的容顏。伯牙悠閒醉卧，信手拈來，彈琴自娛。(7×3.5×4.5)

群螭如意鼎對章／黃芙蓉／石虹・羅漢刻
賞析　石質隱含紅色肌理。雕工亦剛亦柔，可疾可緩，力道能曲能伸。連袂合作，值得典藏。(7×7.2×8.2)

渡船／善伯／潘泗生刻

賞析　一葉艫舳江上行，風輕雲淡水不興，岸邊草木似有情，千呼萬喚盼君聽。是一良辰美景。(12.5×2.5×9)

一輪明月到客船／旗降／潘泗生刻

賞析　黃褐鋪陳，銀白浮雕，寫景寫情，引人遐思。一輪明月高掛樹梢，枝條款擺，盪漾故人情懷。(13×2×14)

伏獅羅漢／善伯／古工刻

賞析　色白微泛黃意，清新亮麗。伏獅羅漢各據一方，倦意橫生，夢遊仙境，沈睡凝香，耐人尋索。(6×2.5×7)

三耳群螭爐／芙蓉／佚名

賞析　色白泛有滾滾朱砂，翻飛渲染，散盡柔媚。漆黑光潔，造型獨到，更增幾分綺夢幻想。(7×4.5×6.5)

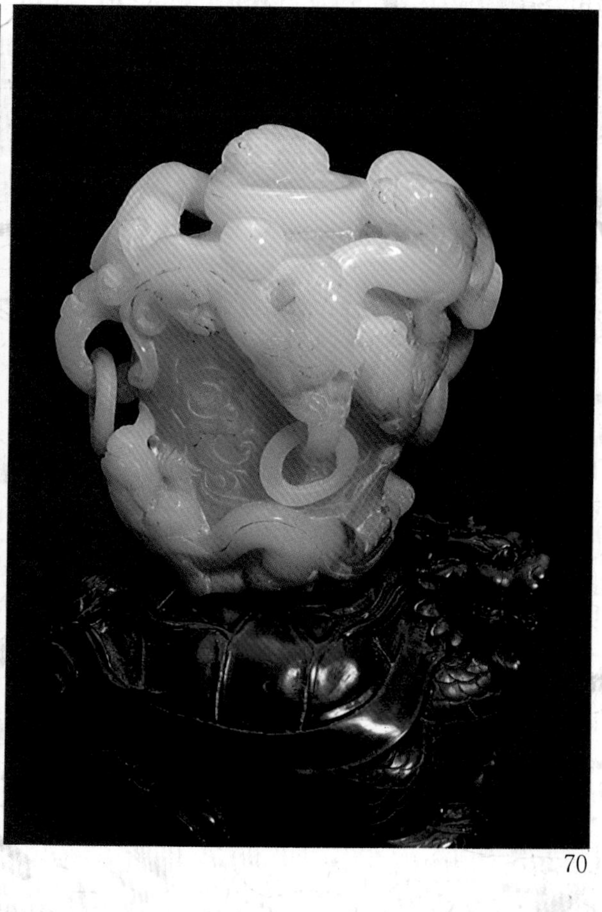

群螭穿洞／李紅芙蓉／佚名

賞析　色彩鬼艷，婉轉其中，烟韻盤桓，裊裊不絕。趣味造型，引人關注，群螭穿洞，遊戲人間。(15×8×9.5)

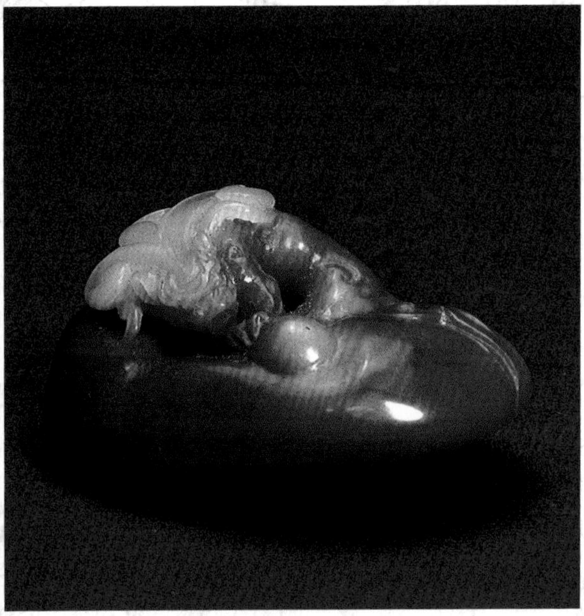

螭虎／紅芙蓉／羅漢刻

賞析　血紅芙蓉，嬌艷欲滴，粉白流瀉，份外澄清。光滑晶瑩，潤澤剔透，螭虎之姿，銳可當敵。(6.5×4×2)

仕女／四股四／佚名

賞析　具脈狀紋理，質堅凝膩。螓首蛾眉，巧笑倩兮，杏臉桃腮，閉月羞花。猶如美人天上來。(6.5×2.5×18)

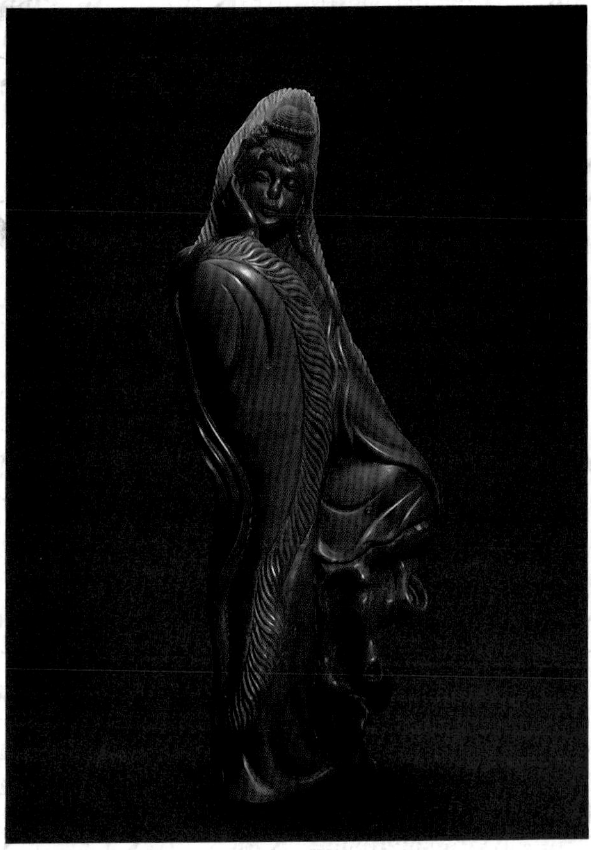

龍吐珠／老芙蓉／佚名

賞析　色澤皎潔似白玉，晶瑩剔透，貫穿石心，刻銀劃金，如龍的羽翼，雕琢生動，使人傾心。(9×5×13.5)

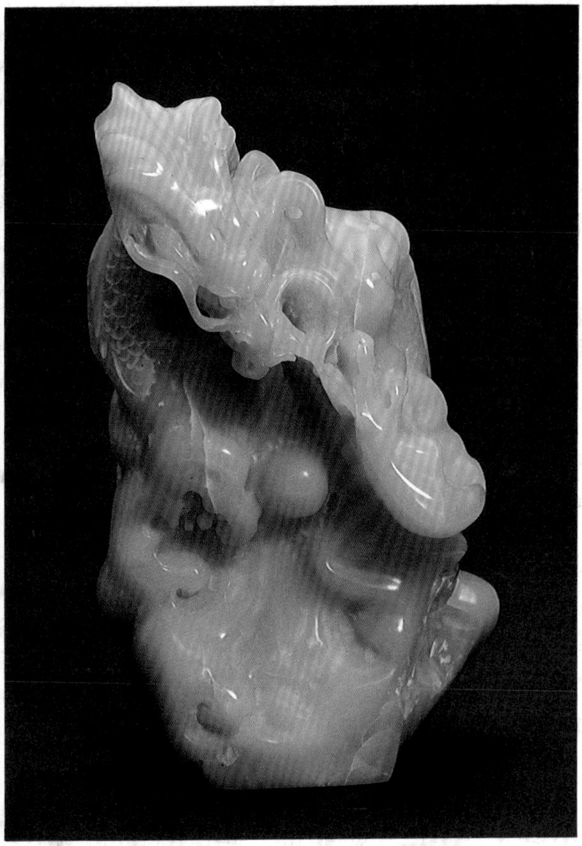

降獅羅漢／房櫳岩／林謙培刻
賞析 色呈紅褐，略泛白意，質粗多砂，含有色點及結晶點。猛獅温馴如貓，委身羅漢旁。(14×8×9)

濟公／紅杜陵／魏開通刻
賞析 色呈棕紅，古意盎然，筋肉骨骼，脈絡分明，富層次之美。略顯誇張的人物造型，更添創意。(11×7×9)

殘秋寄語／巧色老芙蓉／佚名
賞析 集白、紅、黃於一身，泛著殘存微光，道盡歲月的風霜，雖為殘狀，但仍有隻字片語。(19×3×23.5)

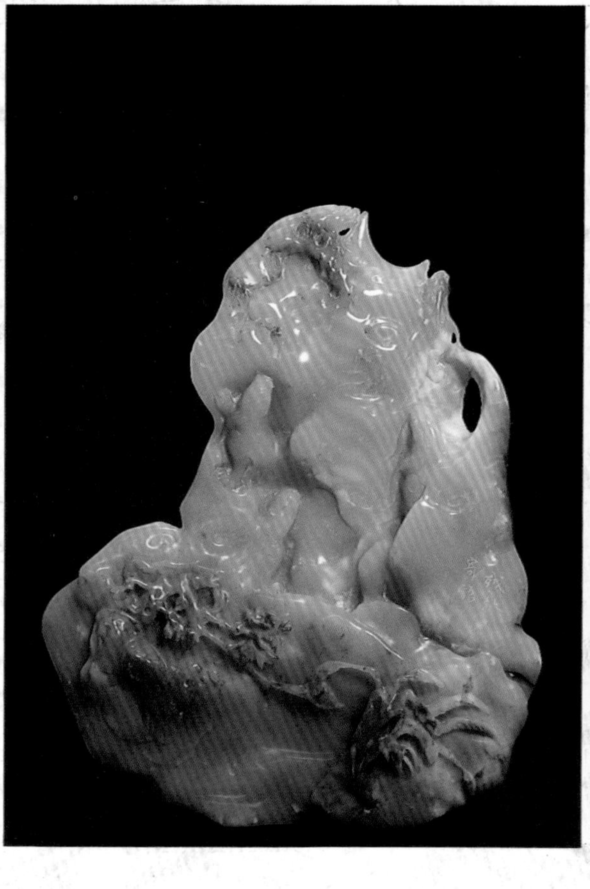

紅燈記／巧色旗降／周則斌刻
賞析 色呈紅、白、灰三色，以白為主體，長長垂掛的辮子，顯露出沈重的歷史包袱。(10×7.5×16)

漁翁／鹿目格／甘文生刻

賞析　色黃帶褐，明亮中憑添幾許古樸。黃髮垂髫，一同垂釣，肥美鮮魚，活蹦亂跳。(7×3×7.5)

老子出關／五彩芙蓉／佚名

賞析　繽紛奪目，光耀異常。老者騎馬，慢慢踱步，順勢而下，蹄聲響徹山谷，倍增寂靜。(15×4×11)

龍頭仕女／旗降／傅如龍刻

賞析　典型的銀包金，蜜黃、粉白相融互滲。造型妖嬈動人，秋波狐魅，款擺風情，皆是美麗。(10×4×24)

仕女／巧色高山／傅如龍刻

賞析　色呈蜜黃、紫紅、粉白，層次分明，光潔如一。多情流蘇，垂掛香肩，更增嫵媚。(6.5×4×13)

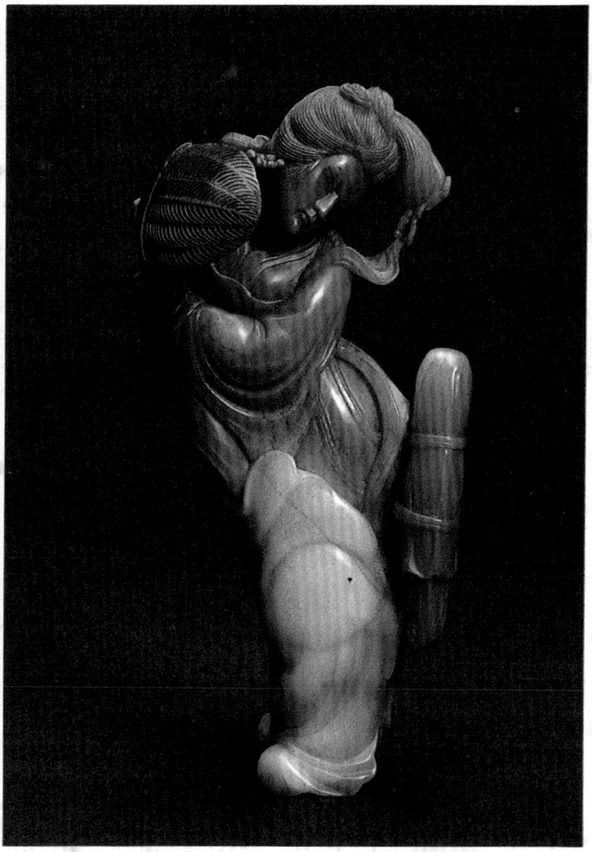

古獸／老芙蓉／老工刻

賞析　色調皎潔如白玉，通體純淨，自然無瑕。造型雄渾飽滿，孔武有力，銅筋鐵骨，碩壯如牛。(6.5×3.5×5)

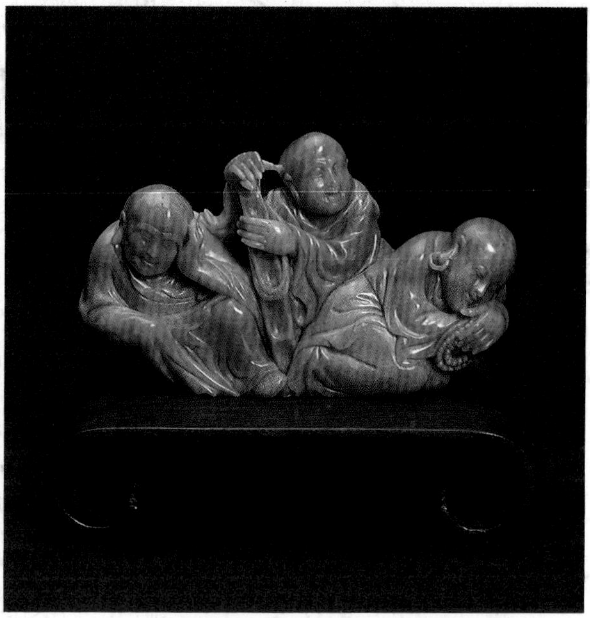

三個和尚／黃杜陵／鄭謀述刻

賞析　色呈臘黃，質靈通透，潤澤飽滿，線條流暢。三人齊聚，宜動宜靜，表情不一，憑添風情。(11×2×6)

劉表聘龐公／巧色善伯／林演刻

賞析　色調多變，鮮艷非凡，亮麗剔透。歷史知名人物，鑲嵌其中，豐富石頭內涵與生命。(15×5×15.5)

群螭戲遊／鬻萁田／老工刻

賞析　色黃而帶有古意，砂點散落其中。群螭縱情喧嚷，遊走四方，輕擺長尾，豐富畫面。(12×6×15.5)

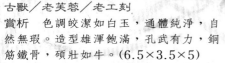

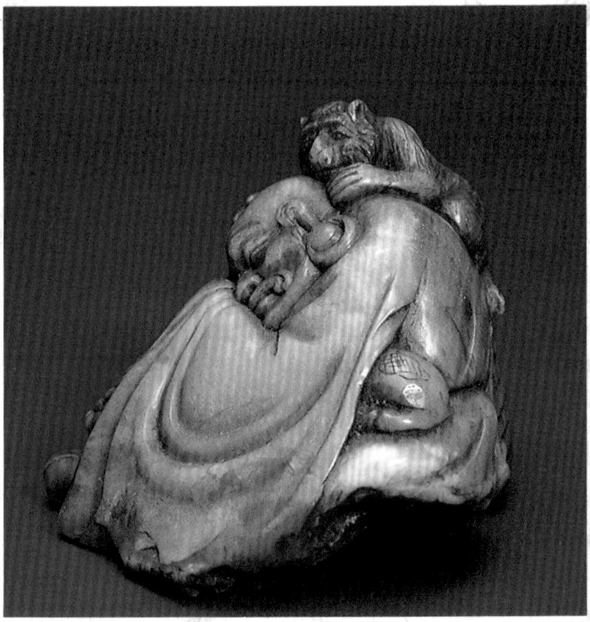

賀壽／金砂地老善伯／老工刻

賞析　色韻獨特，多含金砂地。一祥猴一老翁，象徵壽與天齊。造型深富意涵，引人尋思。(7.5×5.5×7.5)

達摩／老高山／老工刻

賞析　色泛黃黑，帶有古銅色調。通體凝膩，人物造型深刻。濃密而捲曲的鬍髭，強化柔和的印象。(8×5×16)

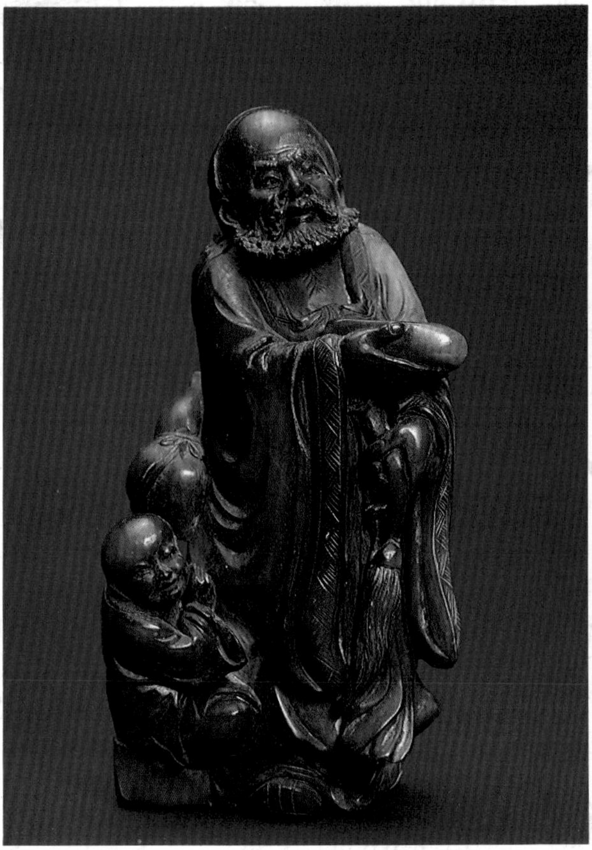

獅鈕對章／老芙蓉／佚名

賞析　色白微泛黃意，彩暈沈降自如，通達石心。色澤徐緩平靜，令人視覺舒展，自然醉心。(4×2.3×6.3)

觀音像／芙蓉／姜海天刻

賞析　色泛白，含砂點而顯露仿古之情。觀音慈眉善目，悲天憫人，普渡衆生，福澤廣被。(5.5×4×7.5)

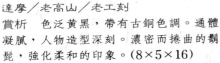

漢鍾離／鹿目格／老工刻

賞析　色呈棕紅，帶有斑駁色塊，通體暗沈，極富古意。塑造人物為八仙之一的漢鍾離。(10×17×9.5)

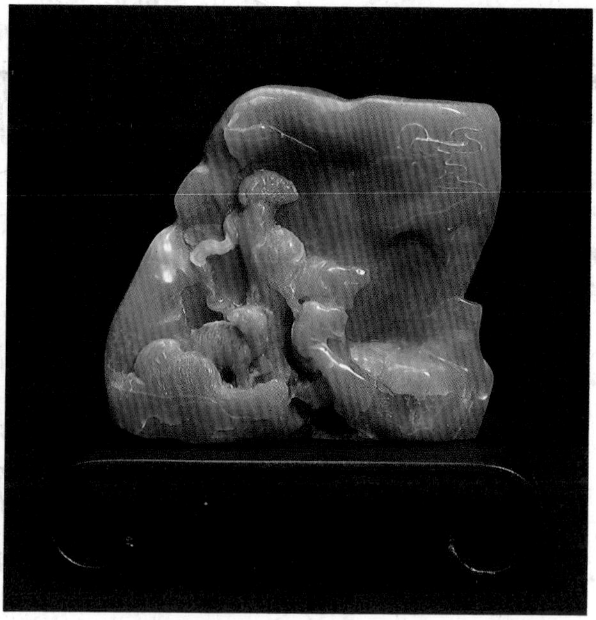

龍女牧羊／黃芙蓉／佚名

賞析　色呈桔皮黃，質地細膩均一，偶含格紋，凹凸有緻。造型寫意自然，龍女牧羊，憑添塞外風光。(9×3×8)

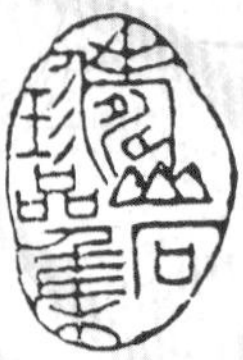

踏雪尋梅／銀包金旗降／石虹刻

賞析　粉白包覆臘黃，皚皚白雪，堆積頂上，不覺雜亂，人獸神采奕奕，典型的因勢施藝。(3.2×2.8×10)

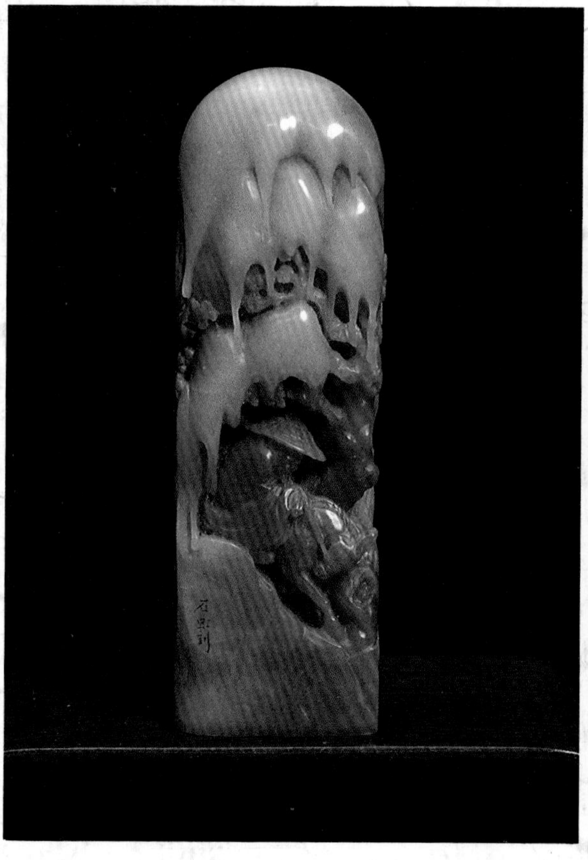

遊螭戲珠／巧色芙蓉／羅漢刻

賞析　色韻通達，晶瑩絢麗，暈染沈降，自然勻稱。輪廓柔和，曲線多情，渾然天成，絕色石品。(3×3×8.5)

海底世界／李紅芙蓉／佚名

賞析　一派珊瑚色系，儼然海底一隅，靈動鮮活，歷歷在目，色澤鬼艷，令人如癡如狂。(7.5×3.5×6)

高台樓閣／老高山／林友竹刻

賞析　如彩繪玻璃般的瑰麗色彩，令人不忍釋手。浮雕高台樓閣，寒梅點點，一磚一瓦，都是經典。(7.5×3×6)

布袋和尚／巧色高山／佚名

賞析　色澤由紅漸黃至白，形成律動美感。圓融造型，更增福態，添一布袋，輕鬆自在。(5.5×4×9.5)

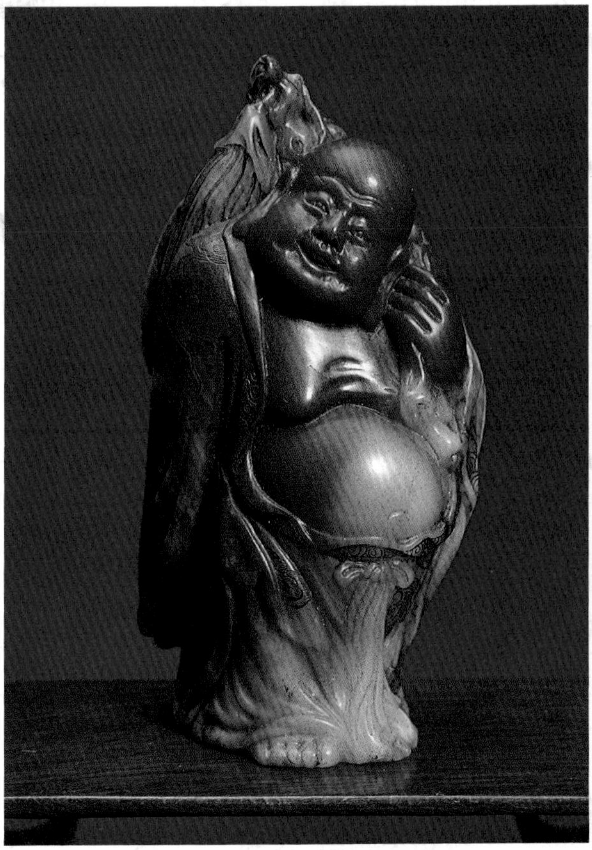

劉海戲蟾／杜陵／佚名

賞析　色呈栗黃而偏綠，偶有赭紅泛起，使石面增色不少。瀏海戲蟾，造型玲瓏可愛，教人開懷。(4×3×9)

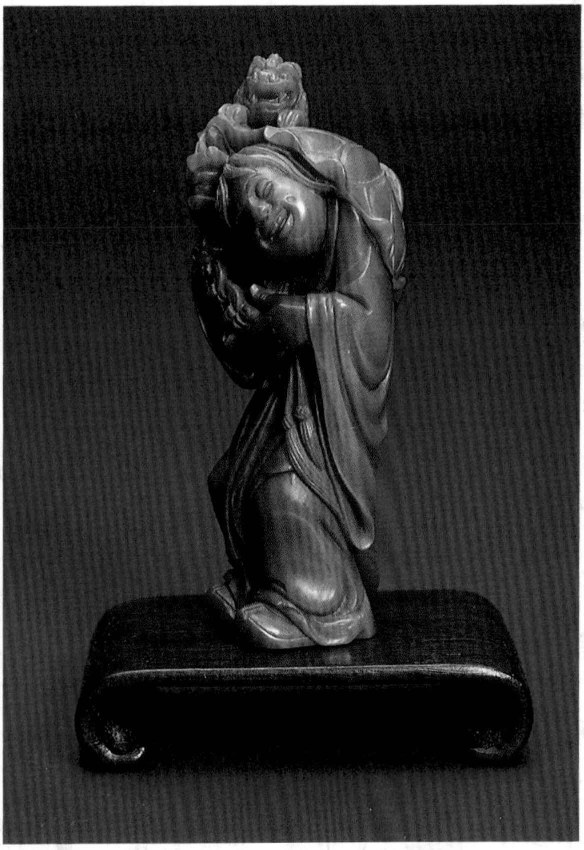

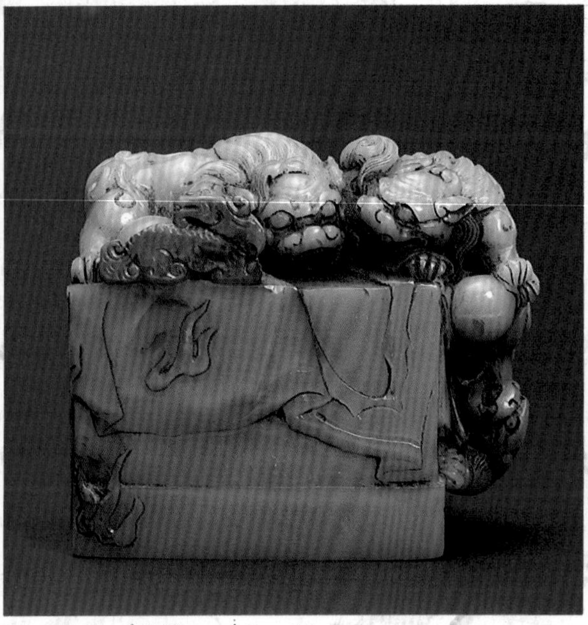

群螭搶珠／鬱箕田／老工刻

賞析　色黃而凝膩，沈降穩定，格紋妝點其中，更增風情。群螭醉心嬉戲，趣味洋溢。(11×5×9)

降龍羅漢鈕／巧色善伯／周則斌刻

賞析　色白略泛橘黃，晶瑩剔透，光鮮奪目。降龍羅漢，姿態威武，表情雖異，卻互為因果。(3×3×8)

鍾馗／杜陵／林榮發刻

賞析　色黃，通體泛黑，質靈光潤。眼神態勢，刻劃翔實，栩栩如生。彩暈扇面，更添動感。(10×5.5×16)

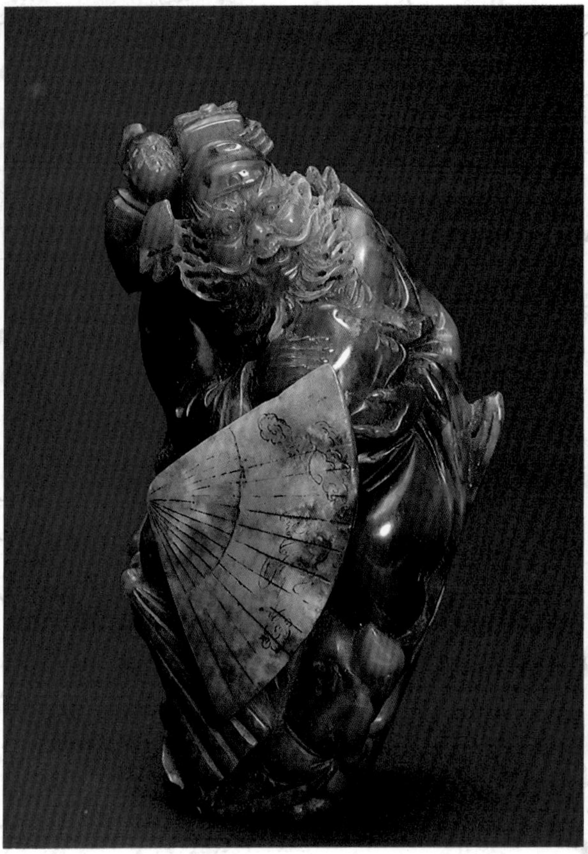

羅漢／老高山／老工刻

賞析　通體泛白，純淨如玉，偶有砂點，輕烙石面。頂上巧色，刻劃羅漢靜默，令人心平靜氣。(4.2×4.2×11)

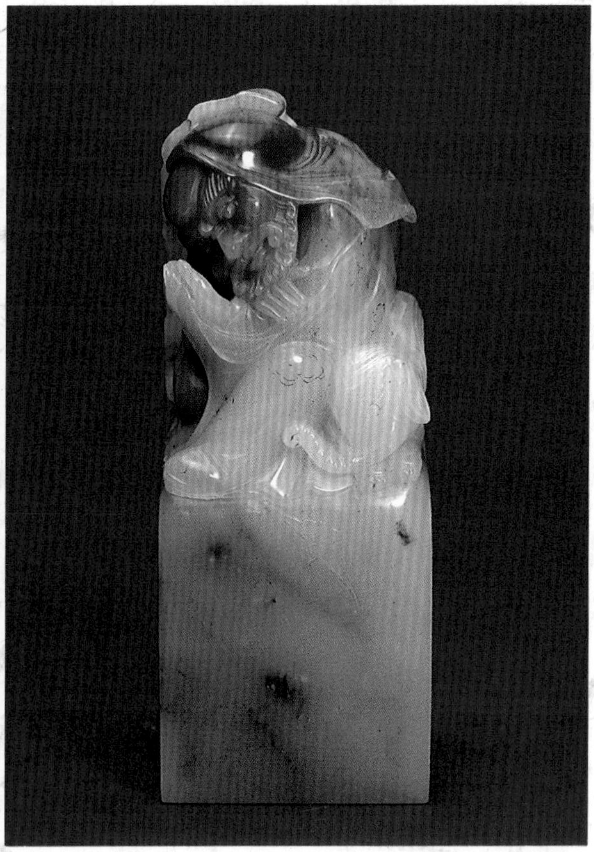

螭虎如意鈕（子母章）／芙蓉青

賞析　底座如芥末色，緩緩飄揚，滲透乳白，混淆相融，令人舒展。(大3×1.4×6.7 小2.5×1.4×5.5)

年年有餘／李紅芙蓉／佚名

賞析　艷紅四射，燦爛耀人，魚姿款擺，萬種風情，水草油然而生，珊瑚解構柔情，。(10.5×4×11.5)

彌勒像／荔枝凍／鄭謀述刻

賞析　通體光潤，鮮明逼人，精雕衣飾，憑添細膩。生動姿態，蘊含情意，孺慕之情，躍然石上。(11×8×17)

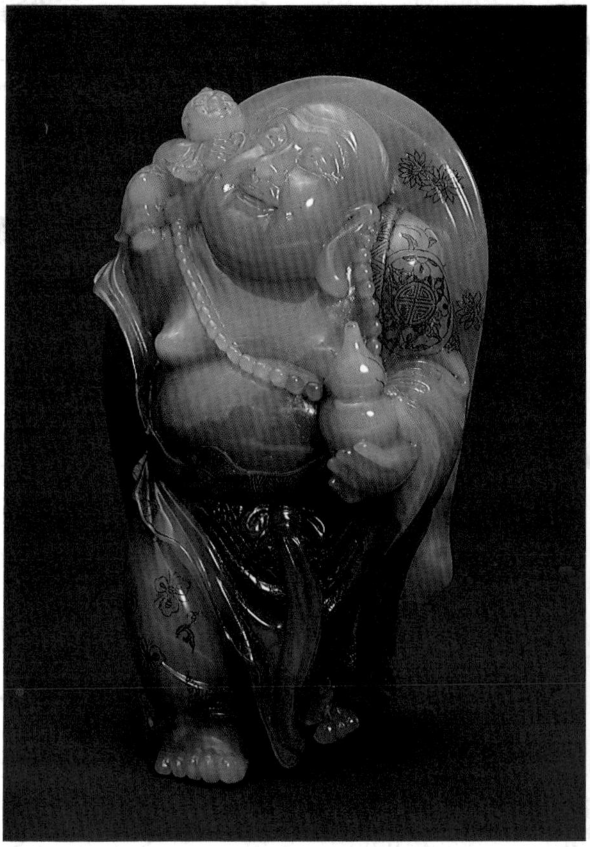

送子觀音／太極頭／林友竹刻

賞析　石質晶瑩透澈，色調暖暖，柔情延伸。懷抱幼子，細細呵護，慈悲容顏，表露無遺。(13×9×33)

獅鈕／紅芙蓉／佚名

賞析　通體泛紅，黑白相融，擺盪石中，相互激迸。天生雲彩，貴為絕色，濃妝淡抹，攫人目光。(5×5×5.5)

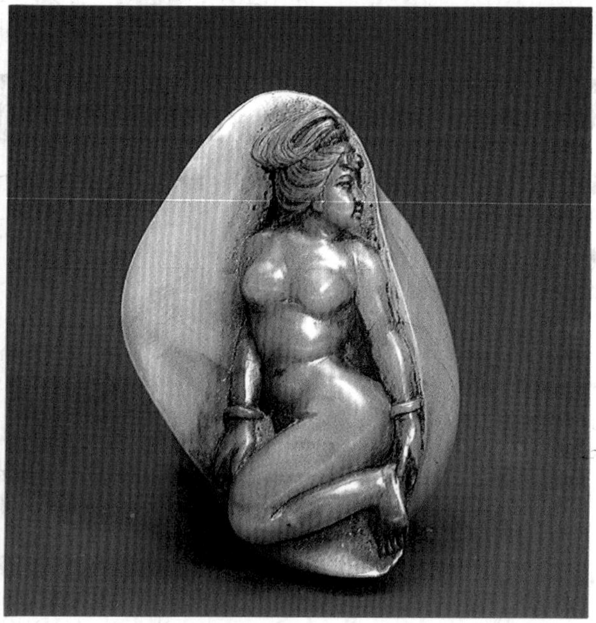

螺女（裸女）／高山晶／陳敬祥刻

賞析　初生螺中，曲線動人，穠纖合度，完美無瑕。雕工細膩，反轉多情，猶見風韻。(6.5×5.5×6.5)

山水／老鹿目／林友竹刻

賞析　色呈紫黑，深色為山，淺色為水，山岳嶒崚，水流潺潺，互為憑藉，相得益彰，共譜山水。(14×3.5×7)

將軍的烟灰缸／老高山／馮久和刻

賞析　色彩詭異，教人駐足凝思。題銘為將軍的烟灰缸，別有用心。雕琢鯉魚躍姿，表現鮮活態勢。(13×8×9)

雙螭鈕（對章）／巧色芙蓉／佚名

賞析　略顯粉嫩的紅，雕琢首尾啣接的雙螭，形成不甚規則的圓，展現另一種風采。(1.9×1.9×6.5)

關老爺／善伯／林元康刻

賞析　泛白略帶棕色，通體顯現樸雅古意，關老爺閉目沈思，撫弄長髮，表情肅穆，衣飾皺襞自然。(6×5×10.5)

鏤空十八遊螭／巧色老高山／林元珠刻

賞析　色彩紛陳，羅列眼前。群螭糾結，盤桓而上，翹首擺尾，場面喧騰。鏤空雕琢，創意橫生。(9×5.5×11)

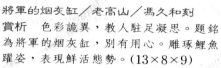

筆洗（五子登科）／黃芙蓉／劉東刻
賞析　輕施淡彩，暈染情境，幻化神殿，五人成仙。雲海沈浮，隱現福字，惟失光暈，猶在人間。(14.5×9×5)

歡喜佛／老善伯／老工刻
賞析　色呈赭黃，暗沈穩定，佈局流動，減卻方正。圓熟潤澤，凝膩沈降，歡天喜地，亦可成佛。(12×6.5×7)

長眉羅漢／優質鹿目田／老工刻
賞析　同為暖色系列，排比鋪陳石上，漸次形成油彩。雕紋柔細綿長，恰似羅漢長眉。(5.5×3×10)

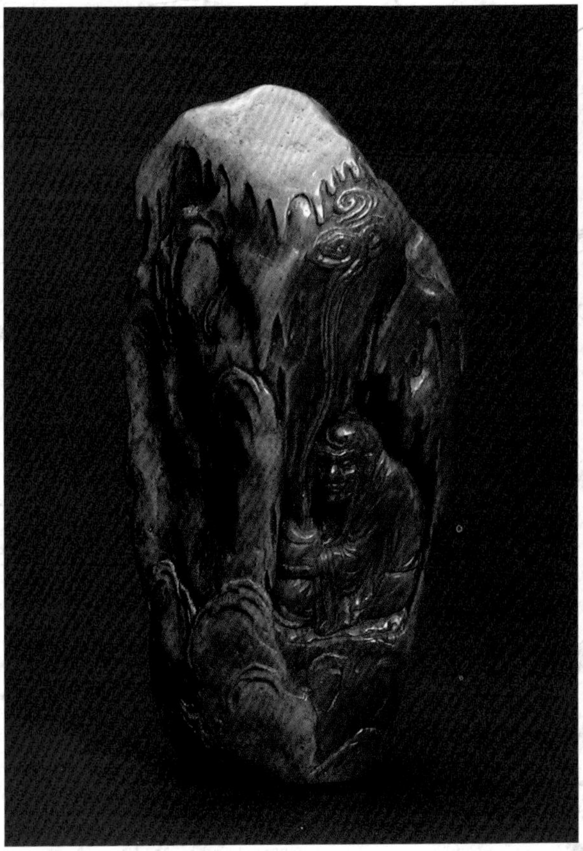

人物／高山／林榮發刻
賞析　質靈通透，閃爍金光，明亮炫人，可比朝陽。士人造型，暗沈書香，美髯飛揚，更見涵養。(10×4.5×18)

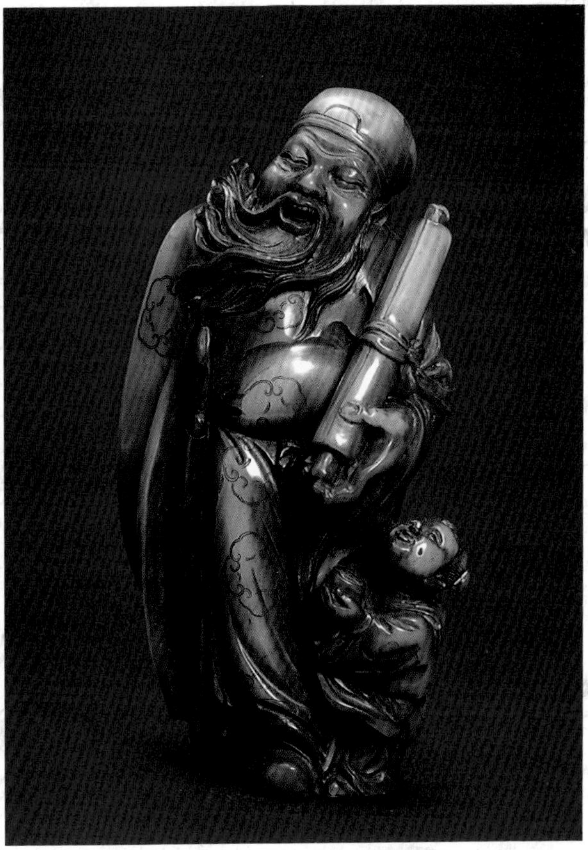

古獸／白芙蓉／鄭明刻

賞析　色白微泛黃意，質靈凝膩。雕工精緻，柔和曲線，施力得宜，表情有趣，可愛至極。(12.5×7.4×9.6)

玉龍戲珠薄意／善伯／林壽煁刻

賞析　色澤華麗，艷冠群石。騰雲架霧，逍遥戲珠，翻雲覆雨，動感十足。(6.9×6.7×6.9)

深山訪友／高山桃花／詹可樹刻

賞析　泛白中隱現一抹紅，似彩筆輕刷石面。乘一葉蘆葦，伴清風徐徐，為訪故人，不惜千里。(2.7×2.7×7.3)

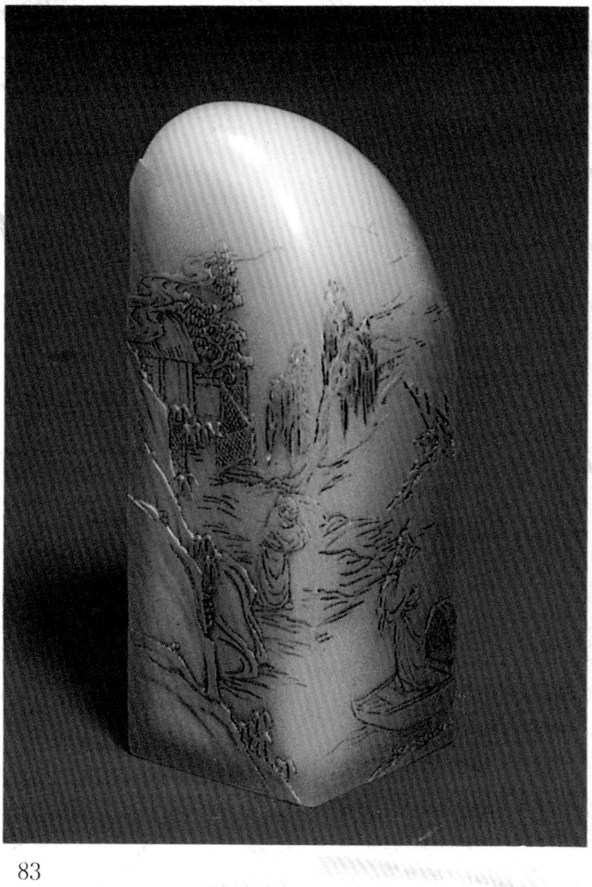

麻姑採芷薄意／善伯／詹可樹刻

賞析　色白微泛紅意，通體純淨凝膩。輕描淡寫抒薄意，游刃有餘方寸間。取景富饒，詩意轉現。(3×3×9.4)

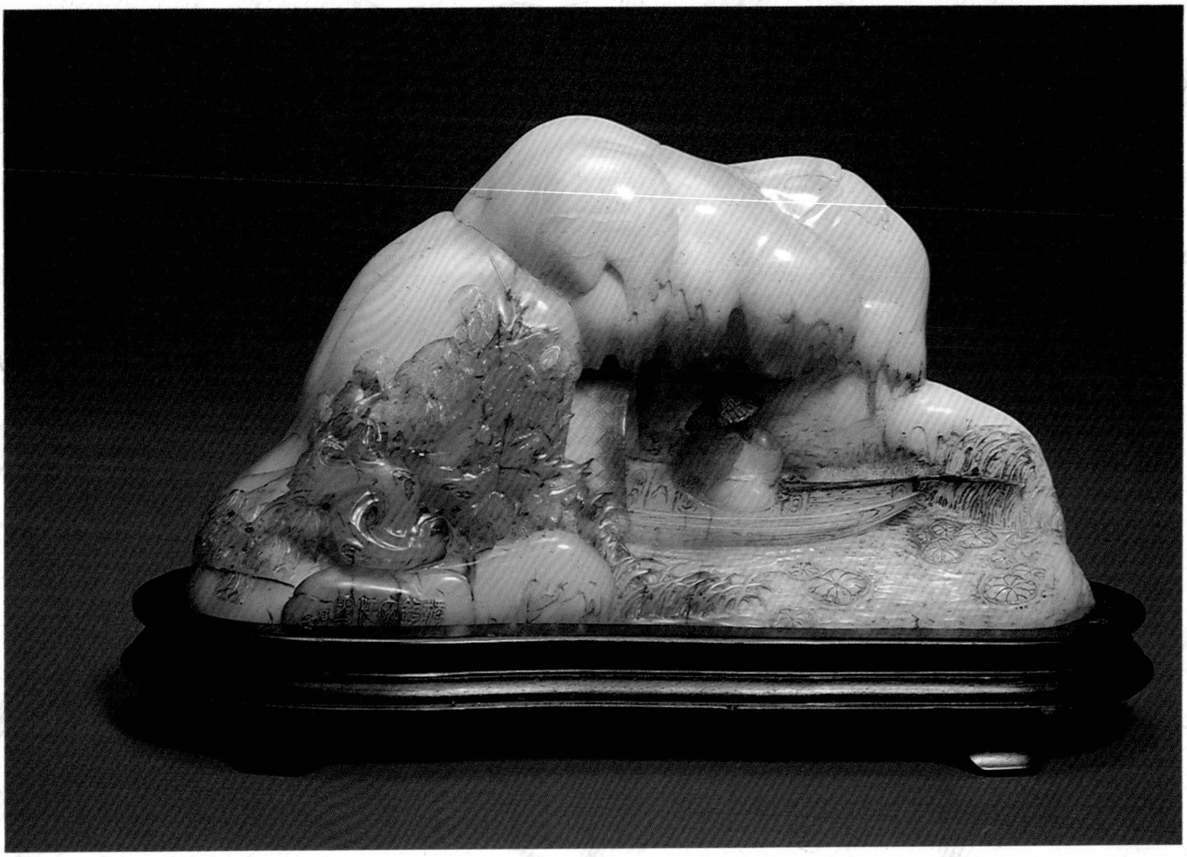

獨釣寒江雪／太極頭／詹可樹刻
賞析　「天山鳥飛絶，萬徑人踪滅，孤舟簑笠翁，獨釣寒江雪」。儘管風號雪虐，執念依舊不變。(21.4×5.9×11.1)

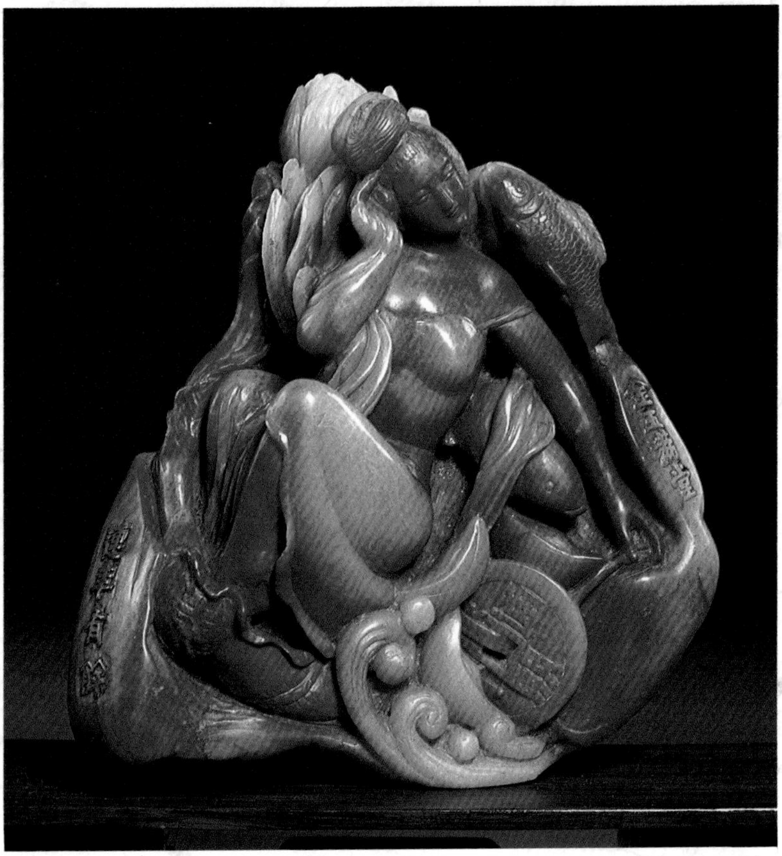

金玉滿堂／杜陵／林友竹刻
賞析　色層明晰，圓潤凝膩，姿態撩人，嬌妍美麗。繾綣水波裏，與游魚嬉戲，衣衫風情，傾洩感性。(11.4×5.1×12.2)

鍾馗抓鬼／坑頭黑／老工刻

賞析　色澤漆黑如煤油，蘊含無限金光。鍾馗架勢驚天地，泣鬼神，眼睛炯炯有神，是弑妖除怪的不二人選。(42×15×34)

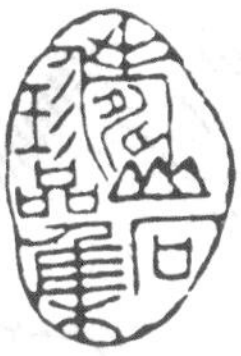

鍾馗嫁妹／高山桃花／佚名

賞析　色呈朱紅，黃褐、紫白隱現其中。場面盛大，刻劃翔實，人車草木，各盡所能，表情豐富。(12×3×8)

笑彌勒／長樂石／林友竹刻／8.1×5.1×15.1

賞析　石頭本然色調，表露無遺。刻意突顯的雙手高舉，闊懷笑靨，都是一種創意。

群牛／高山石／林炳生刻

賞析　色呈灰白，牛群姿態活絡，構圖如大自然之一隅，牧童閒適快意於牛背，令人領略新清的喜悅。(22.9×10.2×15.5)

螭虎瓦鈕／芙蓉青／鄭則金刻

賞析　通體澄淨，色調如一，偶有一絲漣漪，掠過石面，打破沈寂。圓弧螭虎，俯臥其上，安之若素。(4.1×4.1×6.2)

五子彌勒／善伯／陳霖刻
賞析　色呈棕白，略帶粉嫩的氣質，似蒙上一層薄紗般，微醺而多情。色調勻稱如一，造型豐饒多變。(14.5×8.2×9.8)

甪端／旗降／周寶庭刻
賞析　色呈藕尖白，通體澄淨光潔，凝膩脂潤，偶帶藍黑彩暈，更增豐盈之情。圓潤飽滿的造型，令人喜愛。(10.7×5.2×8.1)

麒麟／高山豬油白／陳敬貴刻

賞析　色呈豬油白，通體略泛黃意，晶瑩剔透，明亮炫人。雕琢細密，造型威猛，碩壯身軀，令人激賞。(13×6.5×12)

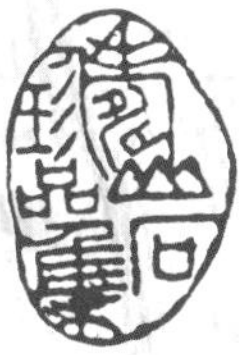

雙獅／高山石／周寶庭刻

賞析　色呈粉白，略泛紅意，偶帶黃色筋絡。質靈通透，光滑潤澤，雙獅對坐，呈祥獻瑞。(9.5×4.7×6.3)

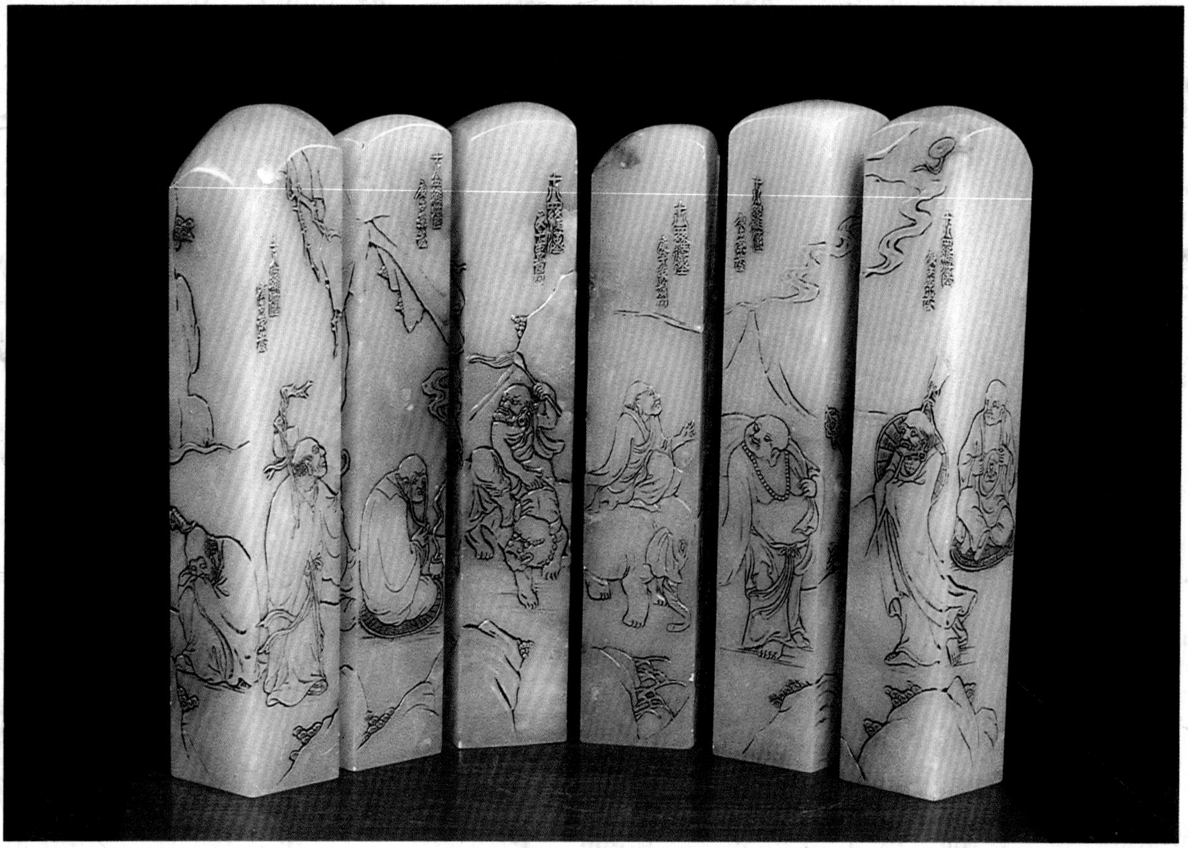

十八羅漢薄意／善伯／林榮發刻
賞析　色白，泛起一抹嫣紅，猶如醉人的紅顏，顛覆所有的美麗。輕抒薄意，流暢自然，各具風情。(2.6×2.6×13.5（６支）)

吉羊／老高山／古工刻
賞析　色白而凝膩，偶有紫砂點聚散其中，底座如芋頭表面。立姿造型，可塑性強，躍躍欲試，鮮活靈動。(13×11.5×17.9)

藏牛／高山石／周寶庭刻
賞析　色白，隱現脈絡分明的紋理，形成柔和的動感，低下頭部，彷彿靜思一般，予人不同的沈默心情。(10.1×5.3×8.9)

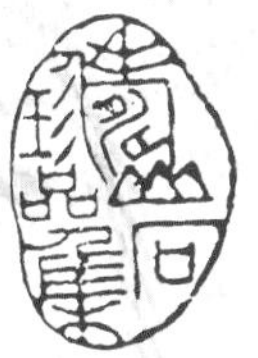

辭官拜母／黃洞岡／林元水刻
賞析　色呈明黃，偶有紅砂白點錯落石面，使色彩不致過份單薄。謙沖表情，不覺流露。雕琢細緻，運斤成風。(13.2×7.6×11)

牛鈕／芙蓉／佚名

賞析　如蒙塵土，色澤偏黃，偶有深黃筋絡，點綴表面。通體凝膩，造型簡樸，古典雅緻。(4×4×8.5)

雙熊／豆耿／林亨雲刻

賞析　石質獨特，色調漆黑，雙熊一搏，情勢緊迫。被毛豐沛繁密，栩栩如生，目光炯炯有神。(12×6.5×17)

蟾蜍／紫旗降／陳敬貴刻

賞析　色調多變，五彩紛陳，鱗狀表皮，綿密鋪陳，大小蟾蜍，各據一方，姿態活絡，野趣洋溢。(10.4×8.2×6)

雙龍戲珠／高山石／林炳生刻

賞析　色白微泛棕意，底座捲曲如浪，雙龍昂首飛揚，意氣風發，態勢恢宏，互奪龍珠。(16.5×8.2×18.7)

錢鬼鈕／半山芙蓉／古工刻

賞析　色呈粉白，朱紅纖維隨意曲張，紋理豐富，變化多端。錢不離手，符合主題表現。(4.1×4.1×10.1)

鍾馗／紅芙蓉／古工刻

賞析　威情豪放，美髯張揚。手持寶劍，斬妖除魔，鷹視狼步，咄咄逼人。(9.2×4.9×14.3)

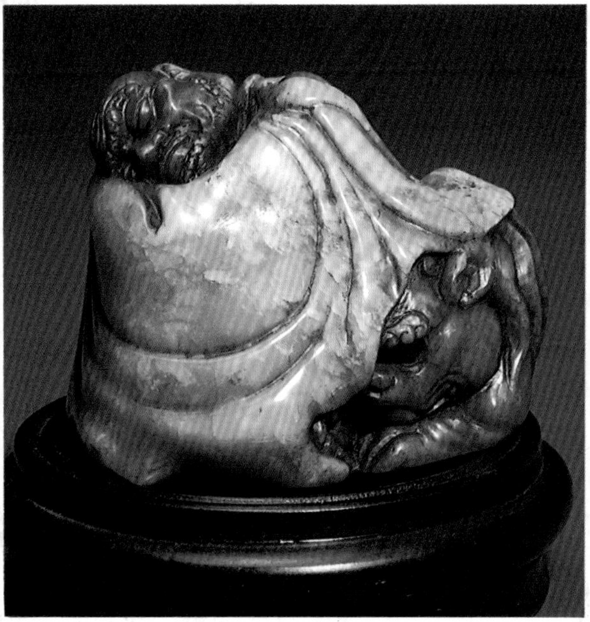

達摩／房櫳岩／陳敬祥刻

賞析　色澤漾滿古意，多含色點及結晶顆粒，石質略顯斑駁，陳舊風情，表露無遺。(8.7×5.7×7.3)

屈原／老高山／古工刻

賞析　文彩斑爛，透著金光，光影抖落，晶瑩串串。衣袂裙襬各自飄揚，士人風範緩緩釋放。(7.9×4.9×17.3)

瑞獅／古工刻

賞析　通體泛紅，暈黃渲染，色澤喜氣，展現祥瑞。造型可愛，傾首翹尾，活潑靈動，討人歡欣。(10.3×4.8×6.1)

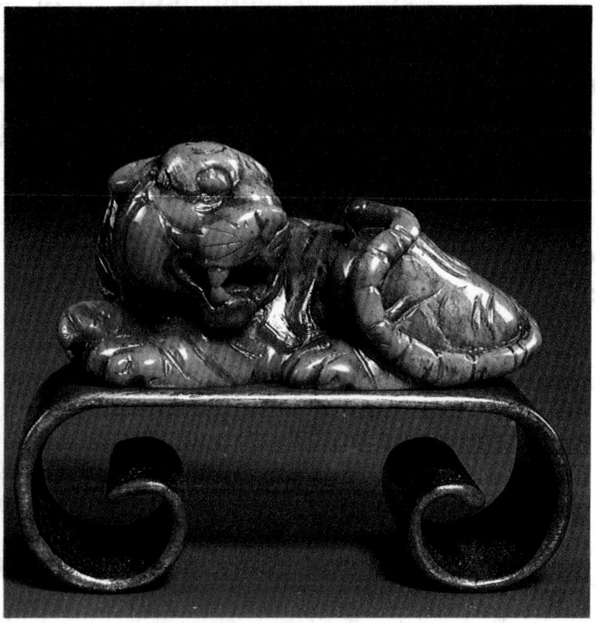

虎／黌箕田／周寶庭刻

賞析　色呈艷黃，石面偶有朱紅浮現，棕色條紋，刻劃全身。鮮活靈動，虎視眈眈。(8.9×4.5×4.2)

雙羅漢／巧色高山／佚名

賞析　紅色位居主體重心，粉白其次，明黃居三。擁有明亮華麗的外衣，營造無瑕的外型。(7.5×3.9×13.4)

蹲獅／古工刻

賞析　粗獷竹節，以及多元切割面的三角錐，加強畫面的穩定性。平行薄意紋飾，更添古樸風采。(7.5×7.8×19.5)

觀音／芙蓉／古工刻／9.3×6.3×24.4
賞析　色呈微醺的黃，隱約透著光亮。雕工典雅細緻，容顏秀麗聖潔，童稚表情生動。

三螭穿環／鹿目格／周寶庭刻

賞析　色呈朱紅，鮮嫩欲滴，光彩奪目。雜有明黃，豐富色彩，雕紋精細，造型美觀，姿態萬千。(9.8×4.8×5.5)

母子樂／黃洞凍／林元水刻

賞析　色黃如蜜，通體凝膩，偶有棕色絲紋渲染其中，更添風情。慈母稚子親情流露，緩緩發抒。(9.9×4.8×16.2)

蹲獅／古工刻

賞析　色黃略帶滄桑之美，蹲踞之獅，炯炯有神，昂首翹尾，氣勢非凡。偶有鏤空雕琢，使畫面富於變化。(9×5.1×16)

蹲獅／高山石／周寶庭刻

賞析　色白，邊際微泛藍意，通體凝膩，光滑潤澤。獅口微張，增加空間感，削減過於紮實的身軀，形成平衡美。(9.7×4.7×5.8)

抱子觀音／白旗降／古工刻／9.4×6.5×18.5
賞析　色白微泛黃意，背景粗糙，有顆粒感。抱子觀音，慈悲為懷，雕琢流暢，頗富動感。

群螭獻錢鈕方章／杜陵／佚名
賞析　色黃微泛紅意，朱砂點起起落落。群螭獻錢，姿態生動，別具意義。(4.6×4.6×11.6)

松鶴筆筒／古工刻
賞析　色澤多樣，紛陳石上。輕抒薄意，細刻浮雕，松鶴各顯風情，充滿詩情畫意。(16.4×11.5×13)

對章／坑頭／陳敬貴刻
賞析　呈老鼠色調，石面充斥白色絲紋。雖為對章，但構圖略有不同，殊異之處，巧妙盡現。(3×3×12.4)

獅鈕對章／高山／老工刻
賞析　色塊沈降，形成分割斷面，細砂點點，聚散分佈。對稱獅鈕，如同山水潑墨，彌足珍貴。(3×3×16.3)

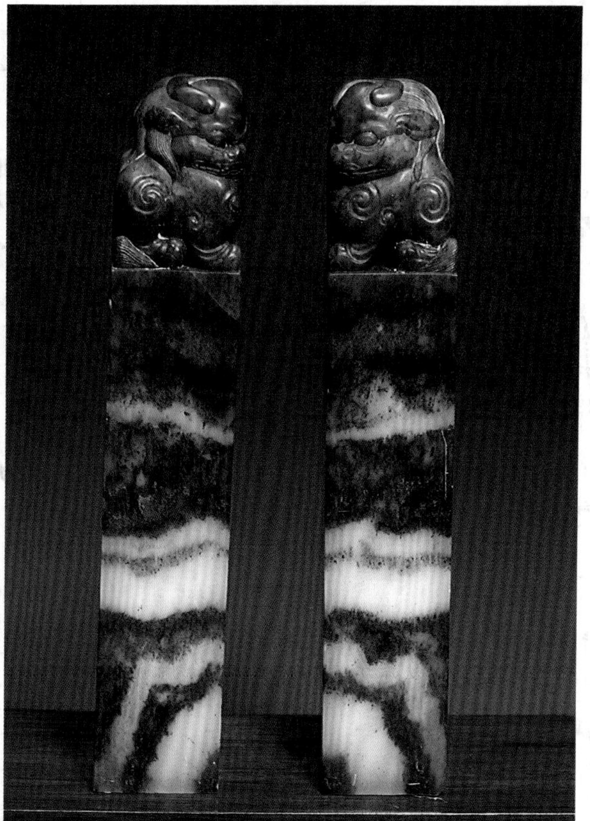

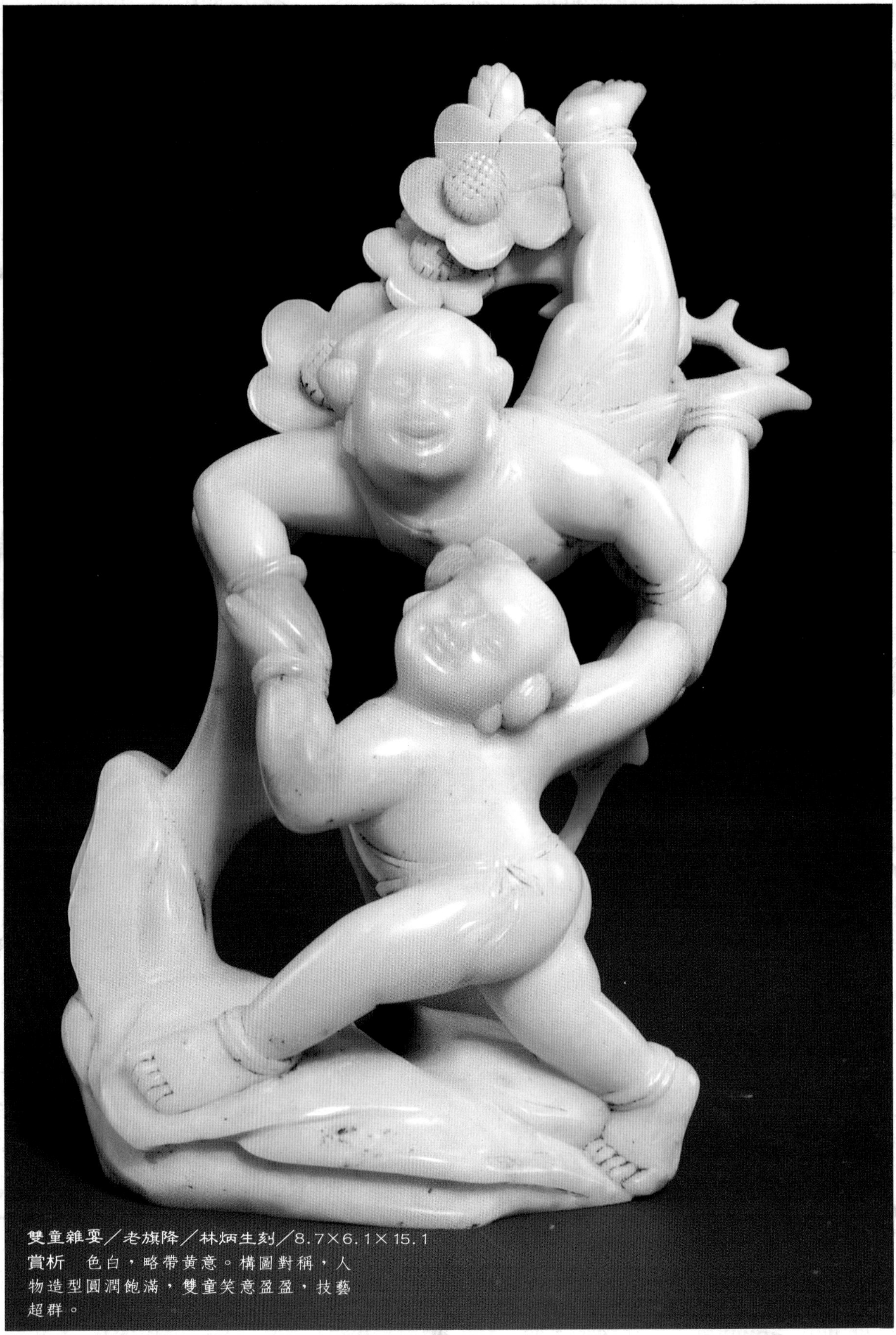

雙童雜耍／老旗降／林炳生刻／8.7×6.1×15.1
賞析　色白，略帶黃意。構圖對稱，人物造型圓潤飽滿，雙童笑意盈盈，技藝超群。

雙沙彌／黃善伯／佚名

賞析　色黃，帶紫、白色調，俯首微傾，情感甚篤，姿態搖曳，如沐春風，腳步輕盈，令人舒眉。(4.4×4×7.8)

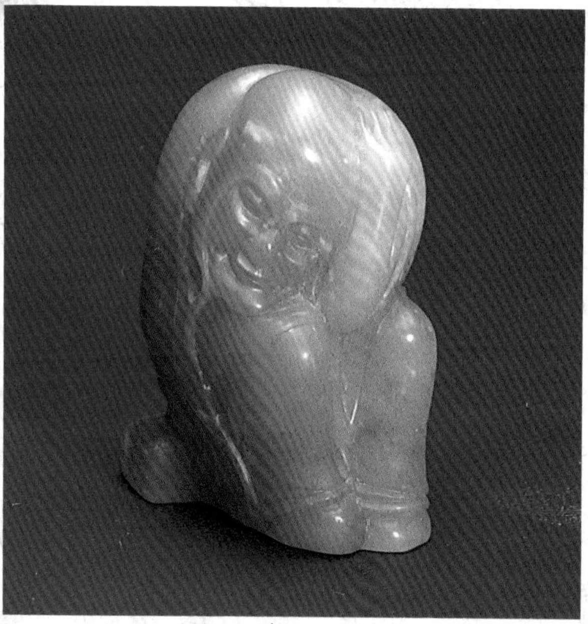

長眉羅漢／大山通／潘泗生刻

賞析　黃白相間，晶瑩澄淨，絲紋輕掠，憑添柔情。長眉羅漢相互倚靠，風采依舊，緊緊相繫。(3.4×2.9×5)

雙羅漢／巧色高山／佚名

賞析　由黑、紅、黃所組成的雙羅漢。色澤層次分明，不滯不凝，偶有砂點鑲綴，更添華麗。(18×8×10.5)

群螭獻錢鈕對章／掘性杜陵／佚名

賞析　通體暗黃，棕褐渲染頂部，慢慢沈降，具流瀉之美。雕工精細，佈局平穩，美輪美奐。(3.5×2×7.5)

辟邪／高山石／周寶庭刻

賞析　色調詭異，引人入勝。以棕色為底，鋪陳粉白色塊，創意發想，表現手法獨樹一幟。(8.2×4.8×5.8)

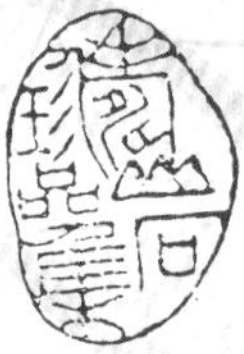

三個和尚沒水喝／巧色高山／佚名

賞析　紅、紫、黃、白各自揮灑，表現華麗。主題深富教育意義，圓潤剔透的水珠更具動感。(8.3×5.9×7.5)

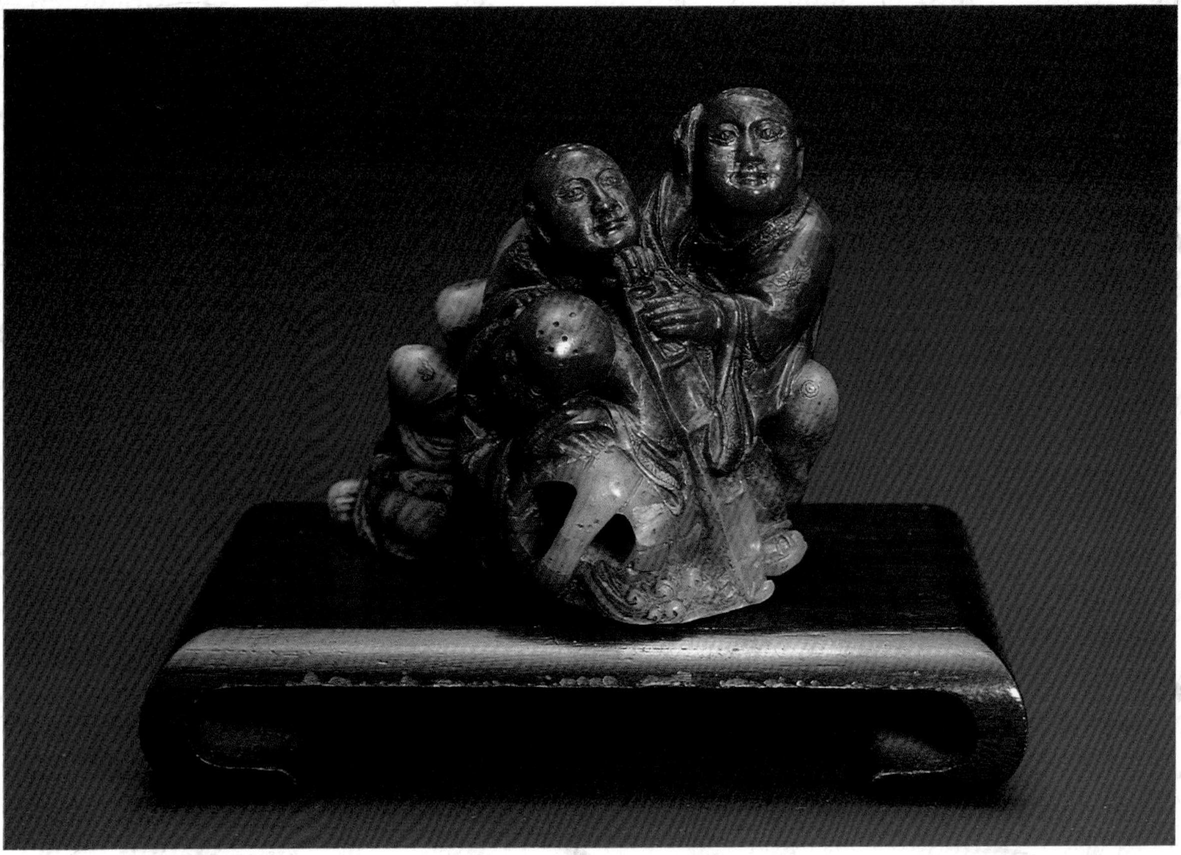

附錄

壽山石石種特性與外觀

■田坑石的特性與外觀

所謂「田坑石」簡稱田石，是指散布在福建壽山村，壽山溪坑頭支流兩岸田地裏的獨石。其中以黃色石種最常見，故田坑石又稱為「田黃石」。

除了黃色之外，亦出產白、紅、黑三種不同色澤的田坑石，以及少數的硬田、溪管獨石等。

田坑石（田黃石）的檔次高低，主要視其㈠石質，㈡石色、㈢石形、㈣輕重而定。

㈠石質

田坑石的石質強調石膚的細緻光膩，純潔淨明及温柔滑潤，並要求晶瑩剔透且通靈，石質符合上述條件者方稱上品。

㈡石色

俗語「一兩田黃三兩金」。田坑石的色澤以黃金色為高檔，其次依序為橘皮紅、枇杷黃、桂花黃……和桐油底色等。其次，白色田坑石較少見，而黑田坑石則多屬低檔品。

㈢石形

田坑石的外形以呈鵝卵狀為高檔，稍呈方形者亦屬上品，若是稜形則列入低檔品。

㈣輕重

從現有資料可知，田坑石一般都不是很大很重，而根據壽山石界不成文的規定，能列品的田坑石重量至少要達到三十克左右。如果重且石質又純的話，則是高檔品。

田坑所產壽山石種類，主要有田黃、白田、紅田、黑田、硬田、擱溜石、溪管獨石等七大品種，每一石種的特徵及質地如下：

①田黃

主要出產範圍是中板田裏。外表呈半透明狀、色黃、石肌隱約可見蘿蔔細紋者為「田黃石」；石質通靈者是「田黃凍」；外層石膚包裹著白色層者稱為「銀裹金」。

②白田

產於上、中坡田裏，又可細分為「白田石」與「金裹銀」兩種。石質白中略帶微黃，且呈現明顯的蘿蔔絲紋者為「白田」；外表石膚包裹黃色層者稱之「金裹銀」。

③紅田

主要產於上、中板田，細分為「橘皮紅田」、「煨紅田」兩種。外觀如橘皮般紅，色彩鮮明艷麗者為「橘皮紅田」；外表廣泛呈現橙紅色，石裏是黃色者為「煨紅田」。

④黑田

又可細分為「烏鴉皮」（產於下板田）、「黑田石」（產於下板田）、「灰黑田」（產於中、下板田）三品種。石肌裏層呈黃色，外表裏著黑色皮者為「烏鴉皮」；外表呈黑赭色，蘿蔔紋路略粗者為「黑田石」；外表呈略帶黃色的淺灰色，石肌裏層可見黑斑者為「灰黑田」。

⑤硬田

產於壽山水田裏，為黃色之不透明石材，石質粗劣，偶爾帶有砂粒。

⑥擱溜田

主要產於壽山田埂旁，為露出地面的田石，石質大都不佳。

⑦溪管田

又稱溪管獨石，主要產於壽山溪中，此品種本為田石，後來因發生山洪被沖落到溪底，長時間浸沒水中，導致表皮常呈淺黃色，只是顏色較田黃為淡。

■水坑石的特性與外觀

聽到「水坑石」三個字，多數人下意識必定會認為它是產在水裏。其實不然。

水坑石的礦床在壽山坑頭占山麓，礦脈呈垂直傾斜分布，挖洞採石往往需挖得很深，由於挖鑿得深，洞底會不斷冒出地下水，故稱之「水坑石」。

採挖自這類會冒水的坑洞中的壽山石，石質晶瑩清澈，不同於其他礦洞之壽山石，欣賞價值高，收藏、評鑑家乃將之單獨歸納為一類。

水坑石的檔次高低，除了根據石質優劣、色澤純濁來評定外，也依其塊度的大小定高低。

㈠石質

水坑石以純潔細膩著稱，強調石質的透明性，以其通明純正的程度定高低。

㈡色澤

如同田石一般，以石色純和，深淺均勻，不帶絲毫雜色者為高檔品。

㈢塊度

水坑礦層一般都很稀薄，想找尋大塊度石塊誠屬不易。倘若石質純明、色澤柔美，而加上塊度大，則屬上上之選。

水坑礦洞所產的水坑石，共計有水晶凍、魚腦凍、黃凍、鱔草凍、牛角凍、天藍凍、桃花凍、瑪腦凍、環凍、坑頭石，坑頭凍、坑頭、凍油石等品種。

⑴水晶凍

水晶凍顧名思義是指石質晶瑩剔透，宛如水晶般的水坑石。其中石肌潛藏棉花紋路，通體潔白透澈者是「白水晶」；透澈鮮明、色如杏黃者是「黃水晶」；石色鮮紅艷麗，透澈無雜質者是「紅水晶」。水晶凍主要產地是坑頭水晶洞。

⑵魚腦凍

石質白色半透明，含棉花紋或波浪般白紋，狀如煮熟的魚腦，堪稱水坑凍珍品。

⑶黃　凍

呈枇杷呈黃色、半透明，石質純潔無瑕，具欣賞價值。

⑷鱔草凍

主要產於坑頭洞。石色黑灰中略帶黃色，石質半透明，石肌隱約散布細點。

⑸牛角凍

產於坑頭洞。石色如牛角，通體鮮明富光澤。牛角凍顏色變化大，有黑牛角凍、白牛角凍之分。

⑹天藍凍

也是產於坑頭洞。此石顏色宛如雨後的天空色調，即蔚藍色，石質鮮明潔淨，石肌略帶棉花紋，容易與牛角凍混淆。

⑺桃花凍

產於坑頭洞。為白色半透明石質，內含有桃紅色細點，紅白分明。置於陽光下宛如撒在水中之片片桃花花瓣，美麗動人。

⑧瑪瑙凍

產於坑頭洞。有紅、黃、白三色，純色不多，主要為二色或三色交雜。其結晶顏色分明，有如瑪瑙。

⑨環　凍

石肌含白色或灰白色泡狀小圓圈者稱之。產於坑頭洞。多數水坑石種中都有環凍。

⑩坑頭石

產於坑頭洞，石質稍堅，微呈透明，顏色繁多。

⑪坑頭凍

坑頭石裏，石質通靈且純者稱之。

⑫坑　頭

產於坑頭洞周遭的砂土中，屬掘性石質，石中有白色、黃色等，石肌具半透明紅格及蘿蔔絲紋。

⑬凍油石

產於坑頭洞，石質微透明，宛如結凍油蠟。石色白稍帶灰、黃。

■山坑石的特性與外觀

前面曾提及，壽山石分為「田坑石」、「水坑石」、「山坑石」三大類，其中以山坑石品種最多，數量也最豐。

過去壽山石界曾以石種或色澤來區分山坑石檔次的高低，其實，這種分法並不恰當。畢竟無論是石種或石色，受個人主觀意識的影響很大。例如有些人特別喜歡善伯洞，有人酷愛月尾石；有些熱愛黃色石，有些人則鍾情旗降或白色石。

諸如此類，故以石種或色澤決定檔次高低，並非最好的做法。筆者認為，評定壽山石檔次的高低，仍然以石質作為首要條件，其次才是顏色。至於欣賞價值，則以雕工為主要評定條件。

就石質論山坑石的檔次，大抵上可分成高、中、低三個等級。首先，屬於高等級（高檔次）的山坑石計有都成坑、鹿目格、芙蓉石、善伯洞、月尾石、旗降石、掘性高山等。其次，高山各洞所產石質細而艷麗者屬中等級（中檔次）；而壽山各礦脈出產，仍適合雕刻條件的石材，則歸入低等級（低檔次）中。

山坑石依產地概略可歸納成高山石、都成坑、月尾石、虎崗石、金獅峰、吊筧石、連江黃、柳坪石、猴柴磹、旗降石、老嶺石、旗山石、月洋石等十三大類，加上獨成一類的寺坪石，共為十四類。

高山石

高山石石質細膩鮮麗，主要掘自高山峰各礦洞，品種豐富，多達數十種，一般是依石質、石色、礦狀、礦洞名稱加以取名。主要高山石計有掘性高山、高山晶、高山凍、啼嘛洞、太極頭、白水黃等品種。

◎掘性高山

產於高山峰砂土中，石皮外觀泛淺黃色，石肌純潔通靈有蘿蔔絲紋。

◆高山晶

產於高山峰礦洞，外觀純白潔淨且晶瑩。

◆高山凍

產於高山峰礦洞，石質略呈透明且通靈。

◆啼嘛洞

又稱小高山，產於小高山啼嘛洞，石質不夠細密、常見淚痕狀紋理。

◆太極頭

產於高山太極峰，石質頗為晶瑩剔透，石色有紅、黃、白多色。

◆白水黃

產於高山南面，有黃、白二色，石質光潤略透明，石肌裏隱約可見層紋。

都成坑

又名「杜陵坑」。都成坑位於高山東南面的都成坑山中，所產壽山石石質堅硬通靈，石色表裏如一，永不變色，有「山坑第一品」之雅號。主要有都成坑、掘性都成、蘆蔭、尼姑樓，迷翠寮、蛇匏、鹿目格、善伯洞、碓下黃等品種。

◆都成坑

產於都成坑山，質呈半透明，富光澤，外觀嫵媚溫柔。

◆掘性都成

產於都成坑土中，石質純潔溫潤，可見紅筋及蘿蔔絲紋。

◆蘆 蔭

產於坑頭溪旁，石色暗黃，石質溫潤，也有蘿蔔絲紋。

◆尼姑樓

產於都成坑旁，石質堅脆略透明，石性與杜陵近似，可見色斑點。

◆迷翠寮

產於都成坑頂，石質細膩，略透明，含金砂底色。

◆蛇 匏

產於都成坑旁，屬掘性，石質鬆軟多雜色。

◆鹿目格

產於都成山坳，分成山坑與掘性兩種，山坑石質鬆軟，以紅色居多且常帶有黃色色塊；掘性石質優，外皮黃色，溫潤微透明。

◆善伯洞

產於都成坑臨溪山中。壽山石中以善伯洞的顏色變化最多，其石質晶瑩通靈，多數含金砂底，石色多種，質佳色柔。

◆碓下黃

產於碓下板。石質粗硬，透明度不佳，常帶白色細泡點，色澤類似熟栗黃。

月尾石

月尾石以翠綠、通靈為上品，其他亦有淺綠色、等色等，計有月尾石、月尾艾綠、月尾紫、迴龍崗等品種。

◆月尾石

產於月尾山，石質細膩，略透明，富光澤。

◆月尾艾綠

產於月尾山，石質細，石色

近似老艾葉，俗稱艾葉綠。

◆月尾紫

產於月尾山，紫色月尾石以質純、色濃者為佳。

◆迴　龍

產於月尾山旁，石質近似月尾石，只是質鬆且顏色淺。

虎崗石

屬於虎崗石類的壽山石計有虎崗石、栲栳山、獅頭石、花坑石等四種。

◆虎崗石

產於虎崗山，石質脆而堅，呈現虎斑皮狀的斑紋。

◆栲栳山

產於栲栳山，石質粗鬆，石肌染色斑且不純。

◆獅頭石

產於鐵頭嶺，石質粗硬，交錯花斑紋不具透明感。

◆花坑石

產於鐵頭嶺，各種顏色交錯混雜，形成各種紋樣。

金獅峰

屬於金獅峰類的壽山石計有金獅峰、房櫳岩、鬼洞、野竹桁等品種。

◆金獅峰

產於金獅公山，石質堅硬，缺乏光澤，含金屬細砂。

◆房櫳岩

產於金獅公山旁，石質粗且多砂，石肌中隱約可見色點及結晶體。

◆鬼　洞

屬於房櫳岩附近，石質硬多砂，不透明。

◆野竹桁

產於房櫳若附近，石色黃含白色點，石質粗糙。

吊筧石

又稱「豆耿」，產於壽山村吊筧山，此類石石質堅硬，略顯透明，色黑富有光澤，偶爾可見白色或黃色石皮。屬於此類的壽山石計有吊筧石、吊筧凍、虎皮凍、鷄角嶺等品種。

◆吊筧石

產於吊筧山，石質堅硬微透明，富有光澤。

◆吊筧凍

石質通靈，隱約可見黑色花紋。

◆虎皮凍

產於吊筧山，呈黃褐色，含虎皮狀色斑。

◆鷄角嶺

產於吊筧山附近，石質鬆粗，有細裂紋。

連江黃

連江黃產於壽山村東北面的金山頂，由於礦洞靠近連江縣且石色呈籐黃色，故取名「連江黃」。石質微脆不透明，裂紋很多，側面有白色粗條紋，近似杜陵坑，石肌裏多含白色泡點，富光澤。計有連江黃、山仔瀨兩品種。

◆連江黃

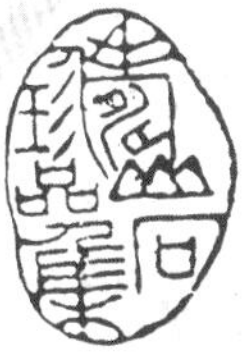

產於金山頂，石色黃微透明，隱約可見直紋，石質硬稍脆。

山仔瀨

產於金山附近，石質粗鬆多砂，不透明。

柳坪石

柳坪石類是指產於柳坪尖礦洞者，計有柳坪石，柳坪晶、黃洞崗三品種。

柳坪石

產於柳坪尖，石質鬆，不透明，有色點。

柳坪晶

產於柳坪尖，石質細而通靈，含砂粒。

黃洞崗

產於柳坪尖黃洞崗。石質細呈黃色。

猴柴磹類

是指產於猴柴南山礦洞的壽山石。計有猴柴磹、豹皮凍、無頭佛坑等三品種。

猴柴磹

產於猴柴南山，石質鬆軟，微透明，石肌含砂粒。

豹皮凍

產於猴柴南山，石質凝膩通靈，顯現豹皮斑紋。

無頭佛坑

產於猴柴南山山麓，石質稍微透明，常見裂紋。

旗降石類

旗降石產於旗降山，分為礦產石與掘性獨石兩種。石質溫潤堅細，石色以紅、黃、白三色為多。計有旗降石、掘性旗降、焓紅三品種。

旗降石

產於旗降山，石質細堅溫潤，微透明富有光澤。

掘性旗降

產於旗降山砂土中，石質溫嫩，具有石皮。

焓紅

產於旗降山，石質略粗硬，石色淺含砂質、焓紅產於旗降礦脈邊緣，石質較旗降略差。

寺坪石

是指在壽山村前「廣應院遺址」所挖掘的壽山舊石、石雕品。寺坪石不但保持原石種的基本特徵，且都比原石種溫潤灰暗，古貌盎然。

老嶺石類

老嶺石的石色多種，近似一般的青田石，石質堅脆，計有老嶺石，老嶺通、大山通、豆葉青、圭貝石、墩洋綠、鴨雄綠等品種。

老嶺石

產於柳嶺，石質堅脆，微透明，富有光澤。

老嶺通

產於柳嶺，石質通明，石色青翠，隱約可見細紋。

大山通

產於柳嶺旁，石質純潔而通靈。

豆葉青
產於柳嶺山麓，石質純潔溫潤，半透明，淺綠色。

圭貝石
產於柳嶺旁，石質微堅，通靈，色綠富光澤。

墩洋綠
產於黃巢山，石質細，微透明，石色青綠。

鴨雄綠
產於黃巢，石色青翠如鴨羽毛。

旗山石類

是指產於旗山周遭礦洞的壽山石。計有水洞灣、牛蛋黃、大洞黃、三界黃、水蓮花、鷄母孵等品種。

水洞彎
產於馬頭崗下，石質硬，不透明，各色相同。

牛蛋黃
產於旗山溪旁，石質堅硬，偶含石英砂，不透明，含黃色或黑色石皮，形如鵝蛋。

大洞黃
產於旗山旁，石質脆不透明，石色多為深黃。

三界黃
產於旗山一帶，石質粗不透明，有紅、黃、白三色交錯。

水蓮花
產於旗山附近，石質粗，石色雜而不純，不透明。

鷄母孵
產於旗山一帶，石質粗，石色以褐黃色居多。

月洋石類

是指產於加良山周遭礦洞的壽山石，計有芙蓉石、將軍洞、半山、半粗、綠若通、竹頭窠、峨嵋石、溪蛋等品種。

芙蓉石
產於加良山頂，石質柔而細，微呈透明，光滑而潤。石色多種。

將軍洞
產於加良山將軍洞，石質純潔細膩，石色白如玉。

半　山
產於加良山花羊洞，石質細多裂紋，石色大多不純，有紅色紋理。

半　粗
產於加良山腰，石質粗石色雜，多裂紋。

綠若通
產於芙蓉洞旁，石質微堅通靈，石色青綠含紅色點。

竹頭窠
產於加良山竹籃洞，石質細而脂潤，半透明，略帶綠意。

峨嵋石
產於加良山一帶，石質微堅，不透明，多裂紋。

溪　蛋
產於月洋溪中，實為古代挖掘芙蓉石所殘留之石塊，經山洪沖落溪中者。石質稍堅，形如卵，外表裹一層黃色層，內部為白色，又名溪蛋黃。

藝術之旅 2

壽山石珍品集

出版者	冠倫出版社	美術編輯	黄郁晴
發行人	張豐榮	電　話	(02)9324493・9333676
登記字號	局版台業字第4797號	傳　眞	(02)9333676
發行所	台北市萬盛街130巷3號	劃撥帳號	14668754（帳户　冠倫出版社）
編　著	張豐榮	電腦排版	玉山電腦排版事業有限公司
攝　影	凌辰	分色製版	太子彩色製版有限公司
編輯顧問	洪天銘	出版日期	一九九三年五月十五日
文字編輯	趙家梅・郭芸馨	定　價	平裝300元　精裝350元